图说
盆栽养护这点事

# ［观花植物］

谭阳春　主编

U0345916

辽宁科学技术出版社

· 沈阳 ·

本书编委会

主 编 谭阳春

编 委 廖名迪 罗 超 李玉栋 贺 丹 贺梦瑶

**图书在版编目（CIP）数据**

图说盆栽养护这点事. 观花植物 / 谭阳春主编. ——
沈阳：辽宁科学技术出版社，2012.10
　ISBN 978-7-5381-7628-5

Ⅰ．①图… Ⅱ．①谭… Ⅲ．①盆栽—观赏园艺—图解
Ⅳ．① S68-64

中国版本图书馆 CIP 数据核字（2012）第 185496 号

如有图书质量问题，请电话联系
湖南攀辰图书发行有限公司
　地　　址：长沙市车站北路 236 号芙蓉国土局 B
　　　　　　栋 1401 室
　邮　　编：410000
　网　　址：www.penqen.cn
　电　　话：0731-82276692　82276693

出版发行：辽宁科学技术出版社
　　　　　（地址：沈阳市和平区十一纬路 29 号　邮编：110003）
印 刷 者：湖南新华精品印务有限公司
经 销 者：各地新华书店
幅面尺寸：185mm × 260mm
印　　张：5
字　　数：134 千字
出版时间：2012 年 10 月第 1 版
印刷时间：2012 年 10 月第 1 次印刷
责任编辑：修吉航　攀　辰
封面设计：多米诺设计·咨询　吴颖辉
版式设计：攀辰图书
责任校对：合　力

书　　号：ISBN 978-7-5381-7628-5
定　　价：19.80 元
联系电话：024-23284376
邮购热线：024-23284502
淘宝商城：http://lkjcbs.tmall.com
E-mail：lnkjc@126.com
http://www.lnkj.com.cn
本书网址：www.lnkj.cn/uri.sh/7628

# PREFACE 序言

随着现代社会的不断发展，人们的生活质量逐渐提高，然而环境所受到的污染却日趋严重。每天奔走于快节奏的城市生活中，人们越来越觉得远离大自然。身心疲惫的现代人对大自然有一种深深的向往之情。而生活的匆忙让大多数人没有更多的时间去亲近大自然，如果能将大自然的情致放入家中，一定能让人们不堪重负的心灵得到解救。

养花，已渐渐成为一种适合调节现代人心绪的方式。

闲暇时光在家中养几盆花卉，不仅能使室内空气得到改善，还能对家居环境起到装饰作用。更为重要的是，在养护盆栽的过程中人们的内心得到平静，还常常伴有收获的喜悦，使人们在精神上得到放松。

而在国外，人们更注重植物的实用功能，如植物在净化空气等方面的作用。这是因为现代家居装修时使用的油漆、地板等，大多含有甲醛、苯等有害物质，在一定程度上使室内空气受到污染，不利于家人的健康。这时如果在家中放置一些绿色植物，便能够很好地改善这些情况。而从植物的功能方面来看，作为观赏性的植物可以分为三类，即观花植物、观叶植物、观果植物。而从植物的功能方面来看，又可以从净化空气、药用等方面来进行分类。编者根据市场要求，分别从观花盆栽、观叶盆栽和健康盆栽三个方面着手，为读者提供一套较为全面的家庭花卉栽培读物。

本书从最受养花者欢迎的观花植物出发，精心挑选 60 多种常见的观花盆栽作品作为主要内容，分别从生态习性、养护特点等方面对每一种植物进行介绍，在书后还增添 14 种花卉组合盆栽供读者欣赏、借鉴。由于资料来源和作者本身水平有限，文中难免出现纰漏，敬请广大读者批评指正。

编者

# 目录
## CONTENTS

# 观花植物

基础知识

# 一、了解花卉植物

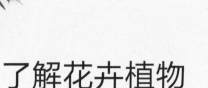

　　四季更替是大自然永恒不变的规律，而每个季节都有形态各异的花朵来点缀，更是大自然对人类的恩赐。不论是春季的兰、夏季的莲、秋季的菊或是冬季的梅都为四季增添了一份色彩与欣喜。若我们把这些五颜六色的花朵带回家中，并用心去栽培，一定别有一番情趣。

　　花卉植物，从狭义上来说是指具有观赏价值的草本植物，广义上还包括草本、木本的地被植物、花灌木、开花乔木、盆景等。本书是从狭义上来定义花卉植物的。

　　不同的花卉具有不同的形态、颜色、习性等，就算同一种花卉也呈现出一些不同的特点，据统计，大自然中共有约25万种的花卉。虽然花卉品种繁多，但也呈现出一些共性。一般来说，花朵是由花柄、花托、花萼、花冠、花蕊等部分组成，是被子植物的生殖器官。

　　对于养花者来说，了解一些有关花卉的知识，对于我们更好地养护花卉植物有一定的帮助。有的人虽然花费大量的时间去养护花卉，但由于没有掌握正确的方法，导致植株长期不开花或是开出的花朵不够大、不够鲜艳，更严重者造成植株的死亡，这样不仅浪费时间和金钱，而且对养花者的积极性也造成伤害。所以需要我们不断地学习，最好在决定栽培花卉之前，熟悉一些养花的知识。尤其是现在随着社会的发展，传统的养花技术受到一些新型养花技术的影响，养殖方法呈现出多样性，也对养花者的素质提出了更高的要求。

杜鹃

白掌

兰花

有药用价值的鸡冠花　　　　可制成菊花茶的菊花　　　　不宜在卧室摆放的夜来香

# 二、观花植物的作用

　　无论是形态各异的菊花，还是品种多样的兰花，无论您追求的是甜蜜温馨，还是风雅浪漫，缤纷多彩的花卉都能给生活带来情趣。美丽的花卉就像小魔女手中的魔法棒，在不同的场合为您变幻出风情万种的生活场景，求婚、生日、约会……到处都是花的世界。现代都市的人们都在追求浪漫，如果能在自己舒适的小窝里布满浪漫温馨的花草盆栽，相信可以让你的生活变得多姿多彩。

　　花卉在日常生活中的作用越来越大，已逐渐形成了一些固定的文化意义。如玫瑰蕴涵爱情、粉色康乃馨代表母爱、梅花表现坚强等等。需要注意的是，不同的地域对同一种花卉赋予的文化意义不同，所以当我们需要利用花卉的文化意义来表达感情的时候要慎重。

　　另外，花卉还有很多实用功能。如南瓜的花朵可以食用，梅花可制蜜饯和果酱，桂花可以加工制作桂花糕等。而作为室内观花类的盆栽植物，花卉最大的作用是改善空气的质量。大部分花卉都具有释放氧气、净化空气的作用，有些花朵可以吸收有毒气体，并将其分解转化为无毒物质，如丁香花、米兰等。而花朵产生的香味也能使人神清气爽，心旷神怡。在家中摆上一两株开花植物，当客人走进你的房间，犹如步入一个色彩斑斓的花园，一定会给客人带来好的心情。但是一些有毒的花卉植物不适宜放在卧室等较为封闭的处所，需要引起注意。如夜来香会在夜间停止光合作用，产生一些废气，不利于人的身心健康。

# 三、观花植物的选择

### 1. 如何购买合适的花卉植物

前面的文章中我们已经谈及花卉的种种好处，看来在家中添置几盆花卉盆栽是势在必行的。那么，如何去花卉市场上购买适合自己的花卉呢？

首先，对于养花初学者来说，应该选择那些易养易活的花卉，如阔叶马齿苋、水仙花、茉莉等，这些花卉不仅栽种方法简便，而且不需要花太多的时间精心照料，成活率较高，属于爱花者入门级花卉。

其次要根据室内不同的空间，选择不同的花卉类型。空间不同，光照条件不同，适宜摆放的花卉植物也就不同。如家中的阳台由于光照较为充足，可多选择喜光花卉。月季、万寿菊等都是适合在阳台栽种的花卉。卧室由于具有空间封闭、供人休息等特点，不宜摆放过多的植物，可选择一些能促进睡眠的植物，如紫罗兰、茉莉等。另外，在一些刚刚装修完的新房子内可以摆放一些净化空气的植物，如兰花等。

地理环境也是一个需要考虑的因素。不同地域的花卉生长环境不同，呈现的养护特点也不同。如我国南方地区以温暖湿润的气候为主，一些喜热的花卉，如蝴蝶兰、文心兰等，在寒冷的冬季放入室内仍可以健康的成长。

另外，对一些有老人、小孩、孕妇等成员的家庭来说，选择花卉更需要谨慎。一些香味浓郁的、有毒的花卉避免购买。当然由于每个人的身体状况不同，对花卉产生的反应也不同，不可一概而论。

喜热花卉：蝴蝶兰

喜阳花卉：月季

客厅花卉：仙客来

## 2. 购买花卉时需注意的问题

在购买花卉时需要从各种角度充分考虑，对花卉的花期、养护特点、生态习性等知识都要提前预习，选择花色靓丽、花期较短、经济实惠、易养易活的花卉，不要选择有毒性花卉和能加重病情的花卉。具体操作过程中可参照以下几点建议：

（1）注意植株的质量，应选颜色鲜艳、生长旺盛、无病虫害的。

（2）刚上盆的不易成活，避免购买，可通过观察土壤的颜色来辨别。

（3）购买回家后，应将植株置于没有强光照、通风良好的潮湿地带，保持盆土湿润使其发根。

（4）谨防一些假品种，尤其是购买幼苗时，因未成形不易分辨。

观花植物
基础知识

## 3. 花卉摆放小知识

从市场上买回来的花卉盆栽只有摆放得当才能和家庭环境相得益彰。这里为大家提供了些建议。

阳台上多养一些喜光的植物，也可利用晒衣架等设施放置一些悬挂类的花卉。

客厅花卉的摆放须按照室内的整体风格、室内环境的大小等方面来综合考虑，一般可选择一些寓意较好的花卉，如仙客来、报春花等。

卧室是休憩的场所，宜塑造出一种宁静舒适的环境，摆放的植物须具备促进睡眠、去除真菌等作用，同时植株也不宜过多。另外可根据不同年龄阶段来选择不同的植物摆放。

书房里安静高雅的格调以配上一些兰、菊等具有相关气质的花卉为宜。

庭院空间广阔，光照条件较好，可摆一些大型花卉植株，如桂花、栀子等。

庭院花卉：紫薇

# 四、观花植物种养技巧

## 1. 温度与光照

### （1）温度在植物生长中的作用

温度是植物健康成长的重要因素，它对花卉的生长、开花、结果都起着十分重要的作用。一般的花卉植物在 3 ~ 40℃的温度范围内均可以生长，但如果要植物生长得健康茁壮，还须让其生长在适宜的温度中。"橘生淮南则为橘，生于淮北则为枳"，虽然是从地域上说明环境对植物的影响，其实南北温度的不同也是其中一个原因。

根据花卉对温度的适应情况，花卉可以分为不耐寒性花卉、半耐寒性花卉、耐寒性花卉等三大类。不耐寒性的花卉一般原产热带地区，温度低于 5℃时易发生冻害，如天竺葵、一品红等。半耐寒性花卉多原产温带地区，如郁金香、雏菊等。耐寒性的花卉原产低温温带或寒带，如细叶百合等。

对于一些对温度较为敏感的花卉，易出现热害和冻害等常见病害。如果遇到过高的气温，可以采用叶面喷水、设置阴棚、搬入室内等办法，以防对植物产生伤害。防止温度过低对花卉的伤害可采用覆土、设风障、增施磷肥、增施钾肥等措施，同时减少氮肥的施用，控制浇水。

### （2）长日照与短日照花卉

光是植物生长要素中另一个重要的条件。光照充足则光合作用旺盛，养分更容易积累，植物生长就好。不同花卉对光照强度、光照时长等要求不同，可按所需光照的时长将花卉分为长日照花卉和短日照花卉。长日照花卉需要每天日照在 14 ~ 16 小时以上，如瓜叶菊、报春花等；短日照花卉每天日照只需 8 小时以下就能开花，如菊花等。根据花卉的这些特点，我们可以适时地控制它们的光照条件，促进花卉的健康成长。

短日照花卉：一串红

长日照花卉：瓜叶菊

## 2. 水、肥的调节

### （1）浇水量的控制

水是一切生物的源泉，花卉更是需要水的浇灌。水分可以参与植物的生理活动，同时也是光合作用的原料之一，既可调节水分，也对营养的运输起着重要的作用。但这并不是说水分越多越好，关键要掌握适度原则。对一些耐阴性花卉须控制浇水次数，高温时每天浇水 1 ~ 2 次，平常只需要在植株周围喷水即可。经常观察植物叶片是否枯萎，土壤是否干燥或湿润，以便增减水分。另外可采取一些改善土壤或容器条件的措施，如在花盆底部垫上碎瓦片等。

每个季节、每个时段浇水量也不一样。四季浇水可以按照以下几个要点来进行。春季温差变化较大，宜根据不同的温度变化来确定浇水量。一般以保持盆土不干为好。夏季随着气温升高，花卉对水分的需求量也越来越高，除了经常保持盆土湿润外，必要时还可以采取浸泡等方式。秋季每日温差逐渐增大，雨水量减少，需要

山茶花宜施酸性肥料来保持花叶繁茂

及时补充水分，掌握不干不浇的原则即可。冬季温度较低，大多数花卉停止生长，浇水不宜过多，次数应视室温变化而定。

### （2）合理施肥

合理施肥包括需要根据不同种类的花卉施用不同的肥料、合理搭配施用的肥料和掌握正确施肥的方法等内容。

对于花卉类植物，一些同时兼具观花和观叶类的，如栀子花等，须加施氮肥，促进枝叶生长；一年中多次开花的植物，以施磷肥为主；对于南方喜酸性土壤的花卉如山茶、杜鹃等，宜施硝酸铵、过磷酸钙等酸性肥料，以保持花叶繁茂。

施肥的过程有施基肥和追肥两种。基肥是指在花卉上盆前施入土壤中的肥料，一般以动物粪、草木灰等有机肥为主，用量不超过盆土总量的 1/5，用一层土把根系与基肥隔开。

植株需要补充肥料时叫追肥。追肥为了便于植株更快地吸收，应以施用液肥为主。液肥在施用时应严格控制浓度，并随着植株的生长而增加施肥的次数，以保证花卉的健康成长。

另外，根外追肥也是一种重要的方式。根外追肥是将化学肥料等的稀释液喷洒在叶片上的一种施肥方式，具有见效快、用量少的特点。需要注意的是，叶面肥的施用不宜在开花期进行，喷洒时须均匀，稀释液的浓度较低为宜。

### 3. 花卉的繁殖

#### （1）常见的繁殖方法

常见的花卉繁殖方法分为有性繁殖和无性繁殖两种，其中有性繁殖即种子繁殖，无性繁殖又叫营养器官繁殖，包括扦插繁殖、压条繁殖、分株繁殖等。

种子繁殖：最常见的繁殖方法，利用雌雄授粉相交而结成的种子来繁殖后代。

扦插繁殖：利用植物的再生能力，取其营养器官的一部分，插入适宜的土壤中，使之成为新植株。根据使用的器官不同，又可分为枝插、根插、芽插、叶插等。

压条繁殖：使连在母株上的枝条形成不定根，然后再切离母株成为一个新生个体的繁殖方法。

分株繁殖：分株繁殖就是将花卉的萌蘖枝、丛生枝、吸芽、匍匐枝等从母株上分割下来，另行栽植为独立新植株的方法，一般适用于宿根花卉。

#### （2）种子繁殖的过程

播种前准备：播种之前需要采收种子，待种子采收完成后对其进行曝晒风干，放在密封低温处储存。准备播种时，可对种子进行一些处理，如对一些硬粒种子或发芽较慢得种子可采取浸种、剥壳、挫伤等处理措施。

播种时间：一般有春播和秋播两种。南方大多以秋播为主。

播种后的管理：播种以后要保持土壤的湿润和覆盖物的完好，待种子发芽后，立即除去覆盖物，逐渐让幼苗接受阳光。真叶出现后，宜施淡肥一次。当长出 1 ~ 2 片真叶时，可移入盆内。

播种

整理幼苗

发芽

修枝剪

修剪植物

## 4. 花卉的修剪、整形

### （1）修剪、整形的必要性及基本技术

对花卉植物适当的修剪、整形可以控制花期、改善光照接收条件，也可以按照人们的需求调整花卉的冠幅或高度，来形成不同的造型。另外对于那些已腐烂的枝叶进行修剪也可促进植株的健康成长。

修剪的基本技术有疏剪、短截、摘心、抹叶、剥皮等。花卉植物的修剪需要根据开花习性的不同来实施。如木本花卉应该在冬季修剪，来保持株形的匀称；春季开花的不宜在发芽前修剪等。

### （2）通过修剪提高花卉质量

花卉植物的花色鲜艳、形态各异，让人获得美的感受。那么如何修剪可提高花朵的质量呢。可以用剥蕾的方法。剥蕾是指保留花朵的主蕾，将周围的副蕾剥掉，从而减少开花的数量，使主蕾获得更多的营养，花能够开得大而鲜艳。

还可以选择摘叶的方法。摘掉一些叶片或把枯萎的叶片清理掉可以减少水分的蒸腾，促进新叶的生长。

摘心法可以增加花朵的数量，是指摘除嫩枝的顶端，使植株变得低矮，从而贮存养分，促成花朵花期一致。如一串红、长春花等，在生长至 10~15cm 时就可以进行摘心处理。有些木本花卉如月季、桂花等，可以通过摘心形成丛生的形状。

花朵的大小也可控制。浆枝条上的腋芽摘除是控制花朵大小的一种方法，也叫抹芽。一般用于一些大型盆花的修剪。为使花朵引人注意，应及时除掉腋间的侧芽，留下顶芽，由顶芽开花。

## 5. 四季养护特点

春暖、夏热、秋凉、冬寒是四季一般的特点，对于养花者来说，密切关注四季温度、光照等变化，从而养护好自己的盆栽至关重要。

### （1）春季养花

春天是万物复苏的季节，气温开始回升，但仍伴随着冬季的寒冷。沉睡了一个季度的植株应该适当修剪。这个季节对盆花的养护着重在整理的过程：把枯枝败叶清理干净后进行早春的换盆，让根系得到舒展，完成换盆后浇 1 次透水，让花卉开始新的一年。由于春季天气变化不稳定，应根据气温的变化调整浇水量，忌盆内积水。

### （2）夏季养花

高温干燥是夏季最主要的特点，所以在夏季需注意花卉的防晒防干等问题。高温时每周浇水 1 ~ 2 次。隔半月需浸水 1 次，保持盆土湿润。平时可适时采取一些降温增湿的办法，如日晒充足时及时将花卉移入室内，多给植物喷水等。

### （3）秋季养花

金黄的秋季是收获的季节，对于一些开花结果的花卉，应该增施磷肥，促进其生长。气温开始下降，温差较大，须及时补充水分，以防叶片枯萎。此外一些花卉的繁殖也宜在秋季进行。

### （4）冬季养花

冬季养护以防寒为主，可采取一些增温措施，同时控制浇水。大部分花卉停止生长，平常不宜多浇水，但土壤也不能完全干燥，正午是浇水的最佳时机。

夏日花卉：石竹

秋日花卉：百日草

## 6. 家庭自制药剂防治花卉病虫害

### （1）常见虫害

蚜虫：是发生在叶片上的一种虫害，主要在新芽上吸取汁液，造成叶片卷曲、皱缩，还能诱发煤烟病。

粉虱：易在干燥的环境中发生，虫体小，为白色，能使叶片枯黄，严重时可导致植株死亡。

介壳虫：花卉类植物的主要害虫之一，繁殖力很强，寄生于植物的幼嫩茎叶上。

红蜘蛛：主要危害植物叶片，在叶背面吸食汁液，引起叶片脱水、干枯死亡。

金龟子：成虫咬食叶片，降低花卉观赏价值。

地蚕：常在夜间侵犯植株茎秆和根部，造成植物死亡。

蓟马：能传播病毒，并使茎叶变形干枯。

及时剪掉受病虫害的叶片

### （2）常见病害

叶斑病：多以真菌为病原，在叶片上产生局部坏死的病斑。

炭疽病：由真菌引起，导致叶片边缘暗褐色，病斑上伴有黑点，或整个叶片枯死。

白粉病：病原为寄生菌，会引起被害部位产生近圆形或不规则的粉斑，导致叶片枯黄。

锈病：是花卉受真菌中锈菌寄生而引起的病害的总称，也会引起叶片产生病斑。

灰霉病：危害花卉的花和叶，使其腐烂而出现霉层。

观花植物 基础知识

### （3）家庭自制药剂

肥皂液：可杀死介壳虫、蚜虫等，把肥皂和热开水按 1:50 的比例溶解，待水温降下来后喷洒即可。

洗衣粉液：能杀死白粉虱、蚜虫、红蜘蛛、介壳虫等，具体方法是用 500g 左右的水溶解 2g 左右的洗衣粉，还可加 1～2 滴清油，喷洒即可。

大蒜液：把 35g 左右的蒜捣碎后加 500g 左右的水搅拌均匀，过滤后滤液可用来喷洒植株，防治白粉病、黑斑病等，滤渣可以放于盆中用来灭杀土壤中害虫。

辣椒液：50g 辣椒加 500g 水煮沸过滤，可防治红蜘蛛、蚜虫等。

蚊香：将点燃的蚊香放在虫害的植株旁，用塑料袋罩住即可。

高锰酸钾液：用 0.2% 的溶液喷洒可防治白粉病。

烟草液：取烟丝 20g，加 500g 水浸泡 24 小时后过滤，可杀灭土壤中的害虫。

小苏打溶液：将 5g 小苏打溶解于酒精中，然后加 1000g 左右的水，可防治白粉病。

风油精：风油精加水能够有效地杀灭蚜虫。

番茄叶液：将番茄叶捣烂加水，过滤后喷洒能够预防红蜘蛛等害虫。

苦瓜叶液：将苦瓜叶捣碎加水，再加等量石灰，能防治地老虎。

生姜液：用捣烂后的生姜泡水后过滤喷洒，有防治潜叶虫的功效。

柑橘皮液：柑橘皮液能有效防治红蜘蛛、蚜虫等。

# 常见的
## 观花植物

# 一、阳台观花植物

**阳台植物功效：**由于城市空气环境相对较差，空气中含有灰尘和有害气体，不利于人们身心健康。因此在阳台应摆放有助于隔离外部有害气体的入侵，减少空气污染的盆栽，这些植物是天然的除尘器，有利于清除空气中的甲醛、二氧化碳、二氧化硫、一氧化碳、乙烯等有害气体。

## 瓜叶菊

**别名：**兔耳花、千日莲、萝卜海棠

**原产地：**西班牙加那利群岛

**类别：**菊科瓜叶菊属

**形态特征：**多年生草本。全株被微毛，叶片大，形如瓜叶，绿色光亮。花顶生，头状花序多数聚合成伞房花序，花序密集覆盖于枝顶，常呈一锅底形，花色丰富，除黄色以外其他颜色均有，还有红白相间的复色，花期1—4月。

**生态习性：**性喜冷寒，不耐高温和霜冻。好肥，喜疏松、排水良好的土壤。喜冬季温暖、夏季无酷暑的气候条件，忌干燥的空气和烈日曝晒，喜良好的光照。

### 养护要点

**水：**盆栽保持盆土稍湿润，浇水要浇透，但忌排水不良，盆内积水易使根系腐烂，同时花朵也易受其影响而枯萎。

**肥：**施肥需要根据不同生长时期的具体情况，开花前不宜过多施用氮肥。冬季生长缓慢，应停止施肥。

**土：**性喜富含腐殖质而排水良好的沙质土壤，pH 为 6.5～7.5 比较合适。

**光：**较喜光，生长期要放在光照较好的温室内生长，才能保持花色艳丽，植株健壮。

**温度：**喜温暖又不耐高温，在 15～20℃的条件下生长最好。当温度高于 21℃，易发生徒长现象，不利于花芽的形成。温度低于 5℃时植株停止生长发育，0℃以下即发生冻害。开花的适宜温度为 10～15℃，低于 6℃时不能含苞开放，高于 18℃会使花茎长得细长，影响观赏价值。

**繁殖：**以播种繁殖为主，也可采用扦插或分株法繁殖。

**病虫害防治：**主要病虫害有白粉病、黄萎病、蚜虫等。白粉病及时用 50% 的多菌灵 1000 倍液或喷 800～1000 倍的托布津液防止蔓延。黄萎病喷洒 0.5% 高锰酸钾水溶液进行消毒可起预防作用。蚜虫严重时喷 40% 乐果 1500～2000 倍液进行防治。

常见的观花植物

# 报春

**别名：** 樱草、年景花

**原产地：** 中国西部和西南部

**类别：** 报春花科报春花属

**形态特征：** 多年生草本，株高 20～30cm，全株具毛，叶基生，近卵圆形，基部心脏形，有数浅裂，边缘具缺刻状齿牙，叶有长柄。顶生伞形花序，花萼基部膨大，花冠高呈蝶状，上部分裂，管部藏于花萼中。花呈白、粉红、朱紫、紫、淡青色。蒴果具多数种子，自播能力强。

**生态习性：** 喜排水良好、多腐殖质的土壤，较喜湿，但需稍干燥，幼苗期忌强烈日晒和高温，喜温暖通风的环境。

## 养护要点

**水：** 喜湿润环境，但不宜浇水过多，盆土过湿会沤烂根部。夏季一般每天早、晚应各浇 1 次水，中午前后天气特别干热时，要向植株及盆周围地面喷水，以增加空气湿度和降低气温。

**肥：** 秋后生长期应加强肥水管理，每 7～10 天追施 1 次腐熟的稀薄饼肥液，前期应适当多施氮肥，以促使枝叶肥壮；后期应适当增加磷肥的成分，同时每半个月向叶面增喷 0.3% 磷酸二氢钾水溶液，以促使其多孕蕾开花，直至现蕾。

**土：** 适宜中性至偏酸性土壤，土壤 pH 值在 5～6 之间生长良好。

**光：** 性喜光，但忌强烈阳光照晒，应常把盆株放于阴凉通风、多见散射光处。

**温度：** 稍耐寒，不喜高温。冬季室温宜保持在 15～20℃，夜间维持在 8～10℃ 即可，12 月份开花时，可将室温控制在 5℃左右，这样可延长花期，给节日增色添彩。

**繁殖：** 多用种子繁殖。

**病虫害防治：** 常见病害有叶斑病、茎腐病，前者可喷洒 50% 代森锌 2000 倍液防治，10 天 1 次；后者每月喷洒 80% 可湿性代森锌 500 倍液，并及时拔掉病株。若受红蜘蛛危害，可喷 40% 三氯杀螨醇 1200 倍液防治，同时要注意通风。

# 草莓

**别名：** 洋莓、地莓、地果、红莓

**原产地：** 美洲

**类别：** 蔷薇科草莓属

**形态特征：** 多年生草本，高5~25cm。小叶片倒卵形或椭圆形，长1~5cm，宽0.8~3cm。聚伞花序1~6朵；花序下部具一或三瓣有柄的小叶；花瓣5，圆形，基部有短爪，白色；聚合果圆形，白色、淡白黄色或红色，宿存萼片直立，紧贴果实；瘦果卵形、光滑。花期4—7月，果期6—8月。

**生态习性：** 喜光，喜潮湿，怕水渍，不耐旱，较耐寒，喜肥沃、透气良好的沙壤土。春季气温上升到5℃以上时，植株开始萌发，最适生长温度为20~26℃。

## 养护要点

**水：** 平常保持盆土湿润即可。7月以后气温逐渐升高，要保证充足的水分供应，并适当向叶丛喷雾。冬季宜停肥控水，保持土壤较湿润。

**肥：** 需肥量较大，适氮，重磷、钾，宜遵循少量多次的原则，夏季多施氮、钾等复合肥以促进果实的生长。冬季生长缓慢，可停止施肥，也可施一些浓度较低的液肥，以保持其顺利越冬。

**土：** 适应土层厚、土质肥沃、土壤疏松的沙壤土、弱酸性土壤。土壤湿润度要高，太干燥不适宜植物的正常生长。

**光：** 喜光，阳光充足的环境对其生长有利。夏季忌烈日暴晒，宜适当采取遮阴措施。冬季可放在阳台等地以接受阳光的照射。

**温度：** 喜温暖湿润的环境，适宜生长温度为15~28℃。晚上室内温度宜保持在8℃左右，白天20℃左右。

**繁殖：** 分株、播种繁殖。

**病虫害防治：** 主要以白粉病、灰霉病、炭疽病发生最为普遍，防治不及时，有时会使草莓苗全部被毁。虫害主要有草莓卷叶蛾，用50%马拉硫磷1000~1500倍液或40%乐果1000倍液喷雾防治。

# 非洲菊

别名：扶郎花、灯盏花、波斯花、千日菊

原产地：南非

类别：菊科大丁草属

形态特征：多年生宿根常绿草本植物。株高 30 ~ 45cm，叶基生，叶柄长，叶片长圆状匙形，羽状浅裂或深裂。头状花序单生，高出叶面 20 ~ 40cm，花径 10 ~ 12cm，总苞盘状，钟形，舌状花瓣 1 ~ 2 或多轮呈重瓣状，花色有大红、橙红、淡红、黄色等。通常四季有花，以春、秋两季最盛。

生态习性：喜冬暖夏凉、空气流通、阳光充足的环境，不耐寒，忌炎热。

## 🌻 养护要点

水：生长旺盛期应保持供水充足，夏季每 3 ~ 4 天浇 1 次，冬季约半个月浇 1 次。

肥：为喜肥宿根花卉，对肥料需求大，施肥氮、磷、钾的比例为 15：18：25，追肥时应特别注意补充钾肥。

土：喜肥沃疏松、排水良好、富含腐殖质的沙质壤土，忌黏重土壤，宜微酸性土壤，最适 pH 为 6.0 ~ 7.0。

光：喜光花卉，冬季需全光照，但夏季应注意适当遮阴，并加强通风，以降低温度，防止高温引起休眠。

温度：生长适温 20 ~ 25 ℃，冬季适温 12 ~ 15℃，低于 10℃时则停止生长，属半耐寒性花卉，可忍受短期的 0℃低温。

繁殖：多采用组织培养繁殖，也可采用分株法繁殖、播种繁殖等。

病虫害防治：主要病害有叶斑病、白粉病、病毒病。叶斑病可用 70% 的甲基托布津可湿性粉剂 800 ~ 1000 倍液喷施。白粉病可用 75% 的粉锈宁可湿性粉剂 1000 ~ 1200 倍液进行防治。虫害主要有跗线螨、棉铃虫、烟青虫、甜菜叶蛾、蚜虫等。跗线螨可用40% 的三氯杀螨醇 1000 倍液进行防治。其他害虫可用 40% 的氧化乐果 1000 ~ 1500 倍液进行防治，通常 8 ~ 9 天 1 次，但喷药对花色有不利影响，花期不宜采用。

# 马齿苋树

别名：金枝玉叶
原产地：南非
类别：马齿苋科马齿苋树属
形态特征：常年生常绿肉质灌木，茎肉质，叶对生，绿色，倒卵形。嫩枝紫褐色至浅褐色，分枝近水平，新枝在阳光充足的条件下呈紫红色，若光照不足，则为绿色。
生态习性：喜温暖干燥和阳光充足的环境，耐干旱和半阴，不耐涝。忌烈日曝晒，喜通风良好的环境。

## 养护要点

水：生长期浇水要做到"不干不浇，浇则浇透"，避免盆土积水，否则会造成烂根。夏季经常向叶片喷水，使植株青翠。冬季减少浇水，使盆土略显干燥。

肥：每15～20天施1次腐熟的稀薄液肥。生长季节每2周追施1次以氮肥为主的稀薄肥水，保持盆土湿润。冬季停止施肥。

土：每2～3年的春季翻盆1次，盆土可用中等肥力、排水透气性良好的沙壤土。宜选用2份草炭土与1份粗沙的混合土。

光：喜阳光充足的环境，夏季高温时可适当遮光，以防烈日暴晒，并注意通风。冬季放在室内散射光较充足处。

温度：喜温暖干燥环境，温度最好在10℃以上，5℃左右植株虽不会死亡，但叶片会大量脱落。冬季温度须保持在10～16℃。

繁殖：播种和扦插法繁殖。

病虫害防治：较为常见的病害有炭疽病，用50%的托布津可湿性粉剂1500倍液喷洒。虫害有粉虱、介壳虫等，用50%杀螟松乳油1000倍液喷杀。

常见的
观花植物

肥，宁稀勿浓。在生长旺盛期，可 15 ～ 20 天施 1 次腐熟的有机肥液，过夏以后多施磷、钾肥，如磷酸二氢钾 0.1% 的溶液促进秋天花朵的开放。

土：以微酸性为好，可用泥炭土、沙和蛭石配制成的盆栽培养土，并加入适量过磷酸钙。也可用腐叶土 8 份掺粗沙 2 份，还可用腐熟的牛粪、马粪掺入 30% 的粗煤炉灰渣栽培。

光：宜明亮光照的半阴环境。光照不足，容易造成枝条徒长且不易开花；光照过强，叶片会变成红褐色。

温度：生长温度为 18 ～ 30℃，最适温度在 25℃左右，耐寒性较差，越冬温度一般应在 12℃以上，冬天需入室越冬。

繁殖：扦插繁殖。

病虫害防治：易患炭疽病。植株发病时，常在叶片上产生小斑点，并逐渐扩大形成黄褐色的圆斑，病害严重时，大半叶子枯黑死亡，有时还在茎上产生病斑。保持良好的通风，降低空气湿度，减少氮肥用量能预防此病的发生。

# 口红花

别名：花蔓草、大红芒毛苣苔

原产地：原产爪哇、马来半岛、加里曼丹岛

类别：苦苣苔科毛苣苔属

形态特征：常绿藤木，有附生性，常栽植于悬篮中。叶对生，叶片卵形、椭圆形或倒卵形，革质而稍带肉质，长 4.5cm，宽 3cm，全缘，中脉明显，侧脉隐藏不显，叶面浓绿色，背浅绿色。花腋生或顶生成簇。

生态习性：喜高温明亮、阳光充足的半阴环境。不耐寒，喜肥沃的土壤环境。

## 🌻 养护要点

水：盆土宜经常保持湿润状态，但切忌盆内积水，尤其是盆上通气不良时，以免引起根系腐烂。冬季盆土宜稍干燥，夏季时应经常在叶面上喷洒雾水，增加叶面与周围环境的湿度以利其生长。

肥：平时需肥量较少，每隔两周施些腐熟的液

## 石斛兰

别名：石斛、石兰、吊兰花、金钗石斛
原产地：中国西南部
类别：兰科石斛兰属

形态特征：植株由肉茎构成，粗如中指，棒状丛生，叶如竹叶，对生于茎节两旁。花葶从叶腋抽出，每葶有花 7 ~ 8 朵，多的达 20 多朵，呈总状花序，每花 6 瓣，四面散开，中间的唇瓣略圆。许多品种的瓣边均为紫色，瓣心为白色，也有少数品种为黄色、橙色。

生态习性：喜温暖、阴凉、湿润的气候，清洁通风的环境及肥沃、疏松、透气的沙质土壤，忌阳光直射，在明亮通风、半阴的环境中生长良好。

### 养护要点

水：既喜充足的水分，又忌过分潮湿，盆土过湿易引起烂根而造成生长不良，甚至死亡。春、夏季生长期，应充分浇水，使假球茎生长加快。经常喷雾，以提高空气湿度。9 月以后逐渐减少浇水，使假球茎逐趋成熟，能促进开花。

肥：生长期每旬施肥 1 次，以腐熟的饼肥水为主，或根外追施 0.1% 的全元素复合肥。秋季施肥减少，到假球茎成熟期和冬季休眠期，则完全停止施肥。

土：需用泥炭苔藓、蕨根、树皮块和木炭等轻型、排水好、透气的基质。

光：喜半阴的环境，在春、夏季的生长旺盛期，应适当进行遮光，冬季休眠期需要较多的阳光。

温度：喜高温高湿的环境，越冬温度可低至 10℃左右，昼夜温差较大有益于其生长和开花。

繁殖：常用分株、扦插和组培繁殖。

病虫害防治：常有黑斑病、病毒病危害，可用 10% 抗菌剂 401 醋酸溶液 1000 倍液喷洒。虫害有介壳虫危害，用 40% 氧化乐果乳油 2000 倍液喷杀。

深厚的土壤。忌酷暑。在夏季阴雨、排水不良的情况下生长不良。

## 养护要点

水：由于光线需求度高，因此水分极易蒸发，需经常保持周围环境的湿度，夏天可每天浇水。冬天每周浇 2 ~ 3 次为宜。

肥：生长旺盛阶段每周追施 1 次稀薄液体肥料，它是喜硝态氮的作物，所以不要施用硫酸铵、碳酸氢铵这类铵态氮等肥料。

土：宜在肥沃深土层土壤中生长，喜微潮偏干的土壤环境，忌盆土渍水。

光：可全日照，并短时间内接受太阳直射。若日照不足则植株容易徒长，抵抗力亦较弱，开花亦会受影响。

温度：喜温暖向阳，不耐酷暑和严寒，生长适温为白天 18 ~ 20℃，夜晚 15 ~ 16℃。夏季阳光充足时生长尤为迅速。

繁殖：以种子繁殖为主，扦插繁殖可在 6 月中旬后进行。

病虫害防治：主要有白星病、黑斑病、花叶病。白星病可用 65% 代森锌可湿性粉剂 500 倍防治。黑斑病用 50% 代森锌或代森锰锌 5000 倍液或 80% 新万生右湿粉剂 600 倍液喷雾。喷药时，要特别注意叶背表面喷匀。花叶病常常引起植株矮小、退化，使观赏性下降。此病毒病由多种蚜虫传播。

# 百日草

别名：百日菊、步步高、火球花、对叶菊

原产地：北美墨西哥高原

类别：菊科百日草属

形态特征：株高 40~120cm。叶形为卵圆形至长椭圆形，叶全缘，上被短刚毛。头状花序单生枝端，梗甚长。花径 4~10cm，大型花径 12~15cm。舌状花多轮花瓣呈倒卵形，有白、绿、黄、粉、红、橙等色，管状花集中在花盘中央，黄橙色，边缘分裂，瘦果广卵形至瓶形，筒状花结出瘦果椭圆形、扁小。

生态习性：性强健，耐干旱、喜阳光，喜肥沃

# 大花马齿苋

别名：洋马齿苋、死不了、半支莲、午时花

原产地：南美、巴西、阿根廷、乌拉圭等地

类别：马齿苋科马齿苋属

形态特征：一年生或多年生肉质草本，株高 15~20cm。茎细而圆，茎叶肉质，平卧或斜生，节上有丛毛。叶散生或略集生，圆柱形，长1~2.5cm。花顶生，直径 2.5~5.5cm，基部有叶状苞片，花瓣颜色鲜艳，有白、黄、红、紫等色。蒴果成熟时盖裂，种子小巧玲珑，银灰色。

生态习性：性喜温暖、阳光充足的环境，阴暗潮湿之处生长不良。极耐瘠薄，一般土壤均能适应，以排水良好的沙壤土为宜。

## 养护要点

水：生长期要有充足的水分供应，但浇水不宜过多，避免造成积水烂根。夏季高温时除了需要定时浇水外，还需每天给叶面喷水 1 次，秋冬季节则应减少浇水量，或以喷水代浇水，盆土保持微润稍干即可。

肥：对肥料的要求不高，平常不需施肥过多，掌握薄肥薄施的原则为宜。也可在盆土表面撒施或埋施少量多元缓释复合肥颗粒。

土：喜肥沃的土壤，可用腐叶土 4 份、园土 4份、沙 2 份和少量沤制过的饼肥末或骨粉混合配制。

光：较耐阴，在半光照、有明亮散射光的环境下生长最为旺盛。

温度：它的生长适宜温度为 15 ~ 30℃。冬季当气温降至 15℃时，要及时将其搬到室内，以免植株受寒害。冬季若室温能维持 20℃以上，则其茎叶仍继续生长；若温度不高，则植株停止生长，进入半休眠状态。

繁殖：用播种或扦插繁殖。

病虫害防治：重点防治蚜虫、杏仁蜂、介壳虫等。蚜虫可用吡虫啉 4000~5000 倍液防治。介壳虫需喷布机油乳剂 50~80 倍液并加兑乐斯本 1500 倍液。

常见的观花植物

可施 1～2 次复合肥。另外也可增施一些水溶液作叶面肥。

土：宜在肥沃、微酸性的土壤中生长。培养土可用粗沙 1 份与田园土 2 份，或腐叶土 3 份与细小的沙石 1 份配制。

光：忌强光，如果阳光强烈，易造成焦叶、叶黄现象，影响花朵的观赏性。也不宜在居室厅堂里摆放过久，会因缺少光照而使叶片退绿，花色减弱。

温度：适宜生长温度为 15～20℃之间，夏季不耐高温，宜适时采取遮阴措施降温。冬季最低越冬温度需保持在 0℃以上。

繁殖：播种繁殖。

病虫害防治：叶斑病可喷施 15% 亚胺唑（或称霉能灵）可湿性粉剂 2500 倍液，或 25% 腈菌唑乳油 8000 倍液 2～3 次，隔 15 天 1 次。虫害主要有红蜘蛛等，可用 73% 克螨特乳油 2000～3000 倍液等，每隔 10～15 天喷 1 次，连喷 2～3 次，即可取得较好效果。

# 千日红

别名：圆仔花、百日红、吕宋菊、千日草

原产地：热带美洲的巴西、巴拿马等地

类别：苋科千日红属

形态特征：一年生直立草本，高 20～60cm。叶对生，纸质，长圆形，很少椭圆形，长 5～10cm，顶端钝或近短尖，基部渐狭；叶柄短或上部叶近无柄。花夏秋间开放，紫红色，排成顶生、圆球形或椭圆状球形、长 1.5～3cm 的头状花序，胞果不开裂。

生态习性：喜温暖，耐阳光，性强健，适生于疏松肥沃、排水良好的土壤中。

## 🌻 养护要点

水：除了生长期，一般需水量不大，浇水不宜太勤，3～5 天 1 次为宜，每次浇水一定要灌透水，要浇湿底部。浇水太多会出现烂根的现象。

肥：生长期需肥量较大，为促进花开，每月

# 牵牛花

别名：喇叭花、牵牛、朝颜花

原产地：热带美洲

类别：旋花科牵牛属

形态特征：一年生缠绕草本。叶宽卵形或近圆形；叶柄长 2 ~ 15cm，毛被同茎。花腋生；蒴果近球形，直径 0.8 ~ 1.3cm，3 瓣裂。种子卵状三棱形，长约 6mm，黑褐色或米黄色，被褐色短绒毛。

生态习性：生性强健，喜气候温和、光照充足、通风适度，对土壤适应性强，较耐干旱盐碱，不怕高温酷暑，属深根性植物。

## 养护要点

水：在湿润的土壤环境中生长良好，但由于耐旱能力较强，所以平常不宜多浇水，每天 1 次保持盆土湿润即可。夏季温度较高时，最好在植物周围喷雾以保持小环境的湿润。

肥：对肥料要求不高，一年中施 2 ~ 3 次复合肥就基本可以满足需要，生长期间宜追肥 2 ~ 3 次。追肥的时间宜选在开花前期。

土：以湿润、肥沃、排水良好的土壤为最宜，较耐贫瘠。

光：性喜阳光，可放在庭院、阳台等地。夏季日照较强时，应适时采取遮阴措施。

温度：适宜生长温度在 18 ~ 25℃之间，越冬温度最好控制在 0℃以上，以免发生冻害。夏季温度高于 32℃，需及时将其搬入室内阴凉处，并在周围喷洒适量水份，保持空气湿润，从而降低温度。

繁殖：以扦插、压条繁殖为主。

病虫害防治：病害相对较少，一旦发生病害要根据实际情况及时对症施治。较为常见的病害有白锈病。可用多菌灵加链霉素每 7 ~ 10 天喷洒 1 次。害虫要注意预防蚜虫、红蜘蛛、菜青虫，尤其要注意防治斑潜蝇，要注意观察，在虫害初发时及时喷洒相关药剂，一般容易控制。

常见的观花植物

# 二、客厅观花植物

**客厅盆栽功效**：客厅空间相对较大，是家人和会客集中活动的场所，因此要选择花色鲜艳、造型美观的盆花，摆放在客厅中可以很好地装饰客厅的格局，增添生活情调；同时可以净化客厅的空气，保持清新自然的生活环境，装点美好的生活。

## 百合

别名：强瞿、番韭、山丹、倒仙

原产地：中国西北部

类别：百合科百合属

形态特征：多年生球根草本花卉。单叶，互生，狭线形，无叶柄，直接包生于茎秆上，叶脉平行。花着生于茎秆顶端，呈总状花序，簇生或单生，花冠较大，花筒较长，呈漏斗形喇叭状，6裂无萼片，因茎秆纤细，花朵大，开放时常下垂或平伸；花色因品种不同而色彩多样。

生态习性：性喜湿润、光照，要求肥沃、富含腐殖质、土层深厚、排水性极为良好的沙壤土，多数品种宜在微酸性至中性土壤中生长。忌干旱和酷暑。

### 养护要点

水：浇水只需保持盆土湿润，但生长旺季和天气干旱时须适当勤浇，并常在花盆周围洒水，以提高空气湿度。盆土不宜过湿，否则鳞茎易腐烂。

肥：对氮、钾肥需求较大，生长期应每隔10～15天施1次，而对磷肥要限制供给，因为磷肥偏多会引起叶子枯黄。花期可增施1～2天磷肥。

土：喜肥沃、腐殖质多深厚土壤，最忌硬黏土；排水良好的微酸性土壤为好，土壤pH值为5.5～6.5。培养土宜用腐叶土、沙土、园土以1:1:1的比例混合配制。

光：性喜阳光，宜在阳光充足的环境中生长。

温度：生长、开花温度为16～24℃，低于5℃或高于30℃生长几乎停止，10℃以上植株才正常生长。冬季夜间温度低于5℃并持续5～7天，花芽分化、花蕾发育会受到严重影响，推迟开花甚至盲花、花裂。

繁殖：有播种、分小鳞茎、鳞片扦插和分株芽等4种繁殖方法。

病虫害防治：几种常见病害有百合花叶病、鳞茎腐烂病、斑点病、叶枯病等，平常注意加强管理，虫害一般较少。

# 海棠

别名：大海棠、出水芙蓉

原产地：热带和亚热带地区

类别：秋海棠科秋海棠属

形态特征：株高 20～30cm，枝叶翠绿，茎枝肉质多汁。单叶互生，不对称心形，叶色多翠绿，少有红棕色。花形多样，多为重瓣，花色丰富，有红、橙、黄、白等，花朵硕大、色彩艳丽，具有独特的姿、色、香；而且花期长，可从 12 月持续至翌春 4 月。

生态习性：性喜温暖、湿润、半阴环境。忌干旱，不耐寒，喜肥沃疏松的土壤环境。

## 🌼 养护要点

水：盆土应保持湿润，不可干透和过湿；过干会导致失水而萎蔫，严重者全株枯死；盆土过湿，水分填满土壤的空隙，造成土壤严重缺氧，进而影响根呼吸而造成死亡。

肥：开花前应加大施肥量，还可适当进行叶面喷肥，叶面肥的浓度不可过大，控制在 1%～2%，喷雾要均匀，叶面的正反面都要喷到。

土：排水良好的基质，如椰糠、泥炭土、蛭石、珍珠岩、炭化树皮等，建议采用 80% 高纤维的泥炭土、20% 珍珠岩。

光：短日照植物，不需要长时间接受阳光，可放置在室内有散射光的地方。夏季光照较为强烈时，可通过喷水来缓解光照的刺激。

温度：生长发育适温为 18～22℃。家庭养护重点是冬季要注意保暖，最低温度不得低于 15℃。在夏季出现持续 28℃以上的高温天气时，应采取降温措施，如放入有空调的房间或中午遮阴等。

繁殖：可通过扦插或组织培养繁殖。

病虫害防治：病害有红叶病、灰斑病，可喷洒 70% 甲基托布津可湿性粉剂 1500 倍液防治。虫害较少，有蚜虫、红蜘蛛等，可用氧化乐果等农药喷杀。

常见的
观花植物

土：土壤以疏松肥沃、排水良好的沙壤土为好。盆栽土以培养土、腐叶土和沙的混合土为佳。

光：为短日照植物。在茎叶生长期需充足阳光，促使茎叶生长迅速繁茂。要使苞片提前变红，将每天光照控制在 12 小时以内，促使花芽分化。如每天光照 9 小时，5 周后苞片即可转红。

温度：生长适温为 18 ~ 25℃，4—9 月为 18 ~ 24℃，9 月至翌年 4 月为 13 ~ 16℃。冬季温度不低于 10℃，否则会引起苞片泛蓝，基部叶片易变黄脱落。

繁殖：扦插法繁殖。

病虫害防治：易感染灰霉病、根腐病、茎腐病、叶斑病等病虫害，造成叶片出现病斑，影响花色的鲜艳度，降低观赏价值。宜加强管理，一旦发现病虫害发生，及时采取保护措施进行防治。

# 一品红

别名：象牙红、老来娇、圣诞红、猩猩木

原产地：墨西哥塔斯科

类别：大戟科大戟属

形态特征：常绿灌木，高 50 ~ 300cm。单叶互生，卵状椭圆形，全缘或波状浅裂，有时呈提琴形，顶部叶片较窄，披针形；叶被有毛，叶质较薄，脉纹明显；顶端靠近花序之叶片呈苞片状，开花时株红色，为主要观赏部位。

生态习性：喜湿润及阳光充足的环境，向光性强，对土壤要求不严，但以微酸型的肥沃、湿润、排水良好的沙壤土最好。

## 养护要点

水：较喜湿润的生长环境，平时可每天喷水，尤其生长期水分应供应充足，盆土水分缺乏或者时干时湿，会引起叶黄脱落。

肥：可加入腐熟的有机肥作为基肥，在生长开花季节，每隔半个月左右施 1 次液肥。入秋后，可加施一些富含钾、磷的肥，以促进花芽分化，保证苞叶艳红纯正。

温度：生长适温为 12 ~ 25℃。温度超过30℃，生长缓慢，如长期处于高温环境，花芽不易形成。温度在 15 ~ 25℃时花蕾发育较快，30 ~ 40 天可开花。15℃以下开花需 50 天以上。5 ~ 10℃，杜鹃花生长缓慢。温度在 0 ~ 4℃，处于休眠状态。

繁殖：常用扦插、压条、嫁接和播种繁殖。

病虫害防治：易受褐霉病危害，尤其在高温多湿的梅雨季，必须及早预防，可用等量式波尔多液或 50% 多菌灵可湿性粉剂 1500 倍液喷洒。夏秋季易受红蜘蛛和军配虫危害。红蜘蛛会使叶片呈灰白色，可用 40% 乐果乳油 1500 倍液喷杀。军配虫常发生于 8—9 月，危害严重时使叶片大量脱落，可用 40% 氧化乐果乳油 1000 倍液喷杀。

# 比利时杜鹃

别名：西洋杜鹃

原产地：比利时

类别：杜鹃花科杜鹃花属

形态特征：常绿灌木。枝、叶表面疏生柔毛。叶互生，叶片卵圆形，全缘。花顶生，花冠阔漏斗状，半重瓣，花有玫红色、水红色、粉红色或间色等。

生态习性：喜温暖、湿润、空气凉爽、通风和半阴的环境。

## 养护要点

水：喜湿润环境，但盆土宜保持稍湿润。盆土时干时湿对根系生长不利。生长发育期要喷水，维持较高空气湿度对其生长和开花均有利。

肥：施肥不宜过浓，否则根部无法吸收，导致植株枯萎死亡。生长旺盛期每半月施肥 1 次。同时可增施 2 次 0.15% 的硫酸亚铁溶液。

土：土壤以疏松、肥沃和排水良好的酸性沙壤土良好。盆栽土壤用腐叶土、培养土和粗沙的混合土，pH 在 5 ~ 5.5 为宜。

光：为长日照植物，喜半阴，怕强光直射。遇直射光过强，叶子反而失绿，使叶边缘呈红褐色。

土：栽培宜选用腐叶土或泥炭土加 1/3 珍珠岩，或疏松肥沃偏酸性的土壤，添加牛粪、鸡粪等农家肥为基肥，以便有充足的养分供其生长发育。

光：宜放在有一定散射光的明亮之处，忌放在有强烈太阳光直射的环境中。

温度：最适生长温度为 20℃ ~ 28℃，最高温度不宜超过 35℃，最低温度为 14℃，低于 10℃随时会产生冻害的可能。夏季应采取措施把室温降至 35℃以内，冬季如室内温度低 于 12℃，可采用套塑料袋、制保温箱等方法提高室温。

繁殖：用分株或扦插繁殖。

病虫害防治：主要的病虫害有细菌性枯萎病、叶斑病、根腐病等，可用相应的农药喷杀，另外平常也应加强管理。提高室内通风环境能有效地防治红蜘蛛、蚜虫、介壳虫等虫害的发生。

# 粉掌

别名：花烛、安祖花、火鹤花
原产地：南美洲热带雨林地区
类别：天南星科花烛属
形态特征：多年生附生常绿草本花卉。株高可达 1m，节间短。叶自根茎抽出，具长柄，单生，长圆状心形或卵圆形，深鲜绿色，有光泽。花芽自叶腋抽出，佛焰苞直立开展，革质，正圆状卵圆形，粉红或猩红色。

生态习性：喜阴、温暖且排水畅通的环境，喜较高的空气湿度。

## 🌻 养护要点

水：春、秋季一般每 3 天浇肥水 1 次，如气温高，视盆内基质干湿可 2 ~ 3 天浇肥水 1 次。夏季可 2 天浇肥水 1 次，气温高时可加浇水 1 次，冬季一般每 5 ~ 7 天浇肥水 1 次。

肥：建议施用液肥，可选用氮、磷、钾 1：1：1 的完全肥料，施氮肥浓度不宜超过 0.2%，肥料中还要注意钙、镁、锌等复合肥的供给，或直接使用粉掌专用肥。

# 龙船花

别名：英丹、仙丹花、百日红、山丹
原产地：印度
类别：茜草科龙船花属
形态特征：叶对生，革质，倒卵形至矩圆状披针形，长6～13cm，宽2～4cm。聚伞形花序顶生，花序具短梗，有红色分枝，长6～7cm，花序直径6～12cm，有许多红色至橙色的花，十分美丽。花直径1～2cm，花冠筒长3～3.5cm，有4裂片，花冠红色或橙红色。花期夏季。
生态习性：喜温暖、湿润和阳光充足环境。不耐寒，耐半阴，不耐水湿和强光。

## 养护要点

水：喜湿怕干。茎叶生长期需充足水分，保持盆土湿润，有利于枝梢萌发和叶片生长。但长期过于湿润，容易引起部分根系腐烂，影响生长和开花。如土壤过于干燥或时干时湿，水分供给不及时，会产生落叶现象。

肥：需肥量不多，生长期可增施一些复合肥以促进花朵的开放。

土：土壤以肥沃、疏松和排水良好的酸性沙壤土为佳。盆栽用培养土、泥炭土和粗沙的混合土壤，

pH在5～5.5为宜。

光：需阳光充足，尤其是茎叶生长期，充足的阳光下，叶片翠绿有光泽，有利于花序形成，开花整齐，花色鲜艳。在半阴环境下也能生长，但叶片淡绿，缺乏光泽，开花少，花色较浅。但夏季强光时适当遮阴，可延长观花期。

温度：对温度的适应性比较强。生长适温为15～25℃，3—9月为24～30℃，9月至翌年3月为13～18℃。冬季温度不低0℃，过低易遭受冻害。耐高温，32℃以上照常生长。

繁殖：用播种、压条、扦插均可。

病虫害防治：常有叶斑病和炭疽病危害，可用10%抗菌剂401醋酸溶液1000倍液喷洒。虫害有介壳虫危害，可用40%氧化乐果乳油1500倍液喷杀。有时发生蚜虫危害幼嫩茎叶，可用2.5%鱼藤精乳油1200倍液喷杀。

肥：一般 4—7 月份生长旺期，每隔 7—10 天施液肥 1 次，以促进植株生长健壮，肥料可用 10% ~ 20% 腐熟豆饼、菜子饼水等。

土：可选用腐殖土 4 份、园土 4 份、沙 2 份配制的培养土。

光：喜光照，属阳性花卉，生长季节光线不足会导致植株长势衰弱，影响孕蕾及开花，光照时间不能少于 8 个小时，否则易出现大量落叶。

温度：生长适温为 15 ~ 30℃，夏季能耐 35℃的高温，温度超过 35℃以上时，应适当遮阴或采取喷水、通风等措施，冬季应维持不低于 5℃的环境温度，长期处于 5℃以下的温度时，植株易受冻落叶。

繁殖：多采用扦插、高压和嫁接法繁殖。

病虫害防治：常见的害虫主要有叶甲和蚜虫，常见病害主要有枯梢病。平时要加强松土除草，及时清除枯枝、病叶，注意通气，以减少病源的传播。加强病情检查，发现病情及时处理，可用乐果、托布津等溶液防治。

# 三角梅

别名：九重葛、三叶梅、三角花、叶子梅

原产地：巴西

类别：紫茉莉科叶子花属

形态特征：叶大且厚，深绿无光泽，呈卵圆形，芽心和幼叶呈深红色，枝条硬、直立，茎刺小，花苞片为大红色，花色亮丽，花期为 3—5 月、9—11 月。

生态习性：喜温暖湿润气候，不耐寒，喜充足光照。对土壤要求不严，在排水良好、含矿物质丰富的黏重土壤中生长良好，耐贫瘠，耐碱，耐干旱，忌积水，耐修剪。

## 🌻 养护要点

水：平时浇水掌握"不干不浇，浇则要透"的原则。春秋两季应每天浇水 1 次，夏季可每天早晚各浇 1 次水，冬季温度较低，植株处于休眠状态，应控制浇水，以保持盆土呈湿润状态为宜。

好的壤土，可选用腐叶土 5 份、火烧土 2 份、煤球灰 1 份充分混合配制。

光：性喜光，应栽种于背风向阳处或庭院的南墙根下，光照不足不仅植株花少或不开花，甚至会生长衰弱，枝细叶小。夏季光照较强，不可长期置于烈日下暴晒，否则易造成叶片萎蔫等现象。

温度：适宜生长温度为 15 ~ 40℃之间，越冬温度最好保持在 0℃以上，一些品种也可耐低温。

繁殖：可采用播种法、扦插法和分株法，以扦插法较好。

病虫害防治：高温高湿、通风不良、隐蔽闷热易引起煤污病。生长期易受蚜虫、介壳虫、刺蛾和卷叶蛾危害，可用乐果乳油 1000 倍液喷杀介壳虫和蚜虫，用 80% 的敌敌畏乳油 1500 倍液喷杀刺蛾和卷叶蛾。

# 紫薇

别名：满堂红、百日红、搔痒树

原产地：中国

类别：千屈菜科紫薇属

形态特征：落叶灌木或小乔木，高达 7m，树冠不整齐，树皮光滑，淡褐色，嫩枝四棱；叶对生，椭圆形至矩圆形，长 3 ~ 7cm；圆锥花序顶生，花有红色、紫色，也名紫薇，茎 3 ~ 5cm。花期长，从 6—9 月；蒴果近球形，茎约 1.2cm，果熟期 10—11 月。

生态习性：适应性很强，耐旱、怕涝，喜温暖潮润，喜光，喜肥。

## 养护要点

水：适应性较强，需水量不大，每年可于春季前和秋季落叶后浇 1 次返青水和冻水，平时如不过于干旱，则不用浇水，雨季要做好排涝工作，防止水大烂根。

肥：可在冬季之后、春季之前施肥以促进植株来年生长旺盛，肥料以有机肥为主。

土：对土壤要求不严，但栽种于深厚肥沃的沙壤土中生长最好。培养土要求富含有机质、排水良

# 万代兰

**别名**: 桑德万代

**原产地**: 菲律宾

**类别**: 兰科万代兰属

**形态特征**: 多年生草本。株高 30 ~ 50cm。植株直立向上，无假球茎，叶片互生于单茎的两边，呈现带状，肉多质硬，中脉凹下如沟，呈 "V" 字形。总状花序；小花 7 ~ 10 朵，直径 8 ~ 11cm。花期秋季至冬季。

**生态习性**: 怕冷不怕热，怕涝不怕旱。性喜高温湿润的环境，在夏天温度高达 35℃对它的生长亦影响不大。适应性较强，对土壤的要求不高。

## 养护要点

**水**: 较耐干旱，但日常管理中保证充足的水分和空气湿度有助于植株长势良好。在雨季靠自然条件即可生长旺盛。

**肥**: 生长旺盛期间，可每 7 ~ 10 天施用稀释的肥料 1 次。最佳的肥料是氮、磷、钾的复合肥，比例为 10：10：5。

**土**: 凡排水良好的介质都能适用，像蛇木屑、碎砖块、木炭、粗砾砂等，无论单独或混合使用都是很好的盆土。切记盆土必须排水及通气均非常良好。

**光**: 需要较强的光线，在本地高温季节只需使用40% ~ 50%的遮光网遮光，冬季甚至不需要遮光。

**温度**: 喜高温环境。最适宜温度为 20 ~ 30℃。冬季温度较低时，应将盆栽移至室内温暖处以保持植株安全过冬，免受冻害。

**繁殖**: 可以高芽繁殖。

**病虫害防治**: 除了蜗牛和蛞蝓外，一般害虫较少。但当水分滞留在叶片的时间过久，或受病毒感染，往往会出现一些深色的斑纹或斑块，并且逐渐腐烂。若情况轻微时，可将患处切除；如果腐烂的范围太广，则必须将整株兰花丢弃，以免感染其他兰株。

# 绣球花

别名：八仙花、紫阳花、洋绣球、粉团花

原产地：中国四川及日本

类别：绣球花科绣球属

形态特征：落叶灌木或小乔木，高 3m。叶对生，卵形至卵状椭圆形，表面暗绿色，背面被有星状短柔毛，叶缘有锯齿。夏季开花，花于枝顶集成大球状聚伞花序，边缘具白色中性花。花期 4—5 月。

生态习性：性喜温暖、湿润和半阴环境。怕旱又怕涝，不耐寒。喜肥沃湿润、排水良好的土壤，适应性较强。

## 养护要点

水：盆土要保持湿润，但浇水不宜过多，特别是雨季要注意排水，防止受涝引起烂根。冬季室内盆栽以稍干燥为好，浇水以喷浇为主，保持植株周围环境湿润即可。

肥：需肥量较其他的品种不大，除了盆底基肥，一般不需再增施肥料。6—7 月花期时段肥水要充足，每半月施肥 1 次。

土：土壤以疏松、肥沃和排水良好的沙壤土为好。可用 5 份疏松的山土、3 份田园土、2 份细河沙混合配制成培养土

光：为短日照植物，每天在阴暗处需 10 小时以上，45 ～ 50 天形成花芽。平时栽培要避开烈日照射，以 60% ～ 70% 遮阴最为理想。盛夏光照过强时适当的遮阴可延长观花期。

温度：生长适温为 18 ～ 28℃，冬季温度不低于 5℃。花芽分化需 5 ～ 7℃ 条件下 6 ～ 8 周，20℃ 温度可促进开花，见花后维持 16℃，能延长观花期。但高温使花朵褪色快。

繁殖：常用扦插、分株、压条和嫁接繁殖，以扦插为主。

病虫害防治：主要有萎蔫病、白粉病和叶斑病，可用 65% 代森锌可湿性粉剂 600 倍液喷洒防治。虫害有蚜虫和盲蝽危害，可用 40% 氧化乐果乳油 1500 倍液喷杀。

常见的观花植物

# 三、卧室观花植物

**卧室盆栽功效：**卧室摆放适当的盆栽可以净化卧室空气，具有装饰卧室空间，美化居住环境的作用，给人一种温馨和舒适的美感同时有的盆栽夜间还可以释放氧气，具有杀菌作用，对人们的睡眠有良好的促进作用。

## 长寿花

别名：矮生伽蓝菜、圣诞伽蓝菜、寿星花

原产地：非洲

类别：景天科伽蓝菜属

形态特征：常绿多年生草本多浆植物。单叶交互对生，卵圆形，肉质，叶片上部叶缘具波状钝齿，下部全缘，亮绿色，有光泽，叶边略带红色。圆锥聚伞花序，挺直，花序长 7 ~ 10cm。花色粉红、绯红或橙红。花期 1 ~ 4 月。

生态习性：喜温暖稍湿润和阳光充足环境。不耐寒，耐干旱，对土壤要求不严，以肥沃的沙壤土为好。

### 养护要点

水：耐干旱，生长期不可浇水过多，每 2 ~ 3 天浇 1 次水，盆土以湿润偏干为好。如果盆土过湿，易引起根腐烂。浇水掌握"见干见湿、浇则浇透"的原则。

肥：冬季应减少浇水，停止施肥。生长期每月施 1 ~ 2 次富含磷的稀薄液肥，施肥在春、秋生长旺季和开花后进行。

土：盆土选用腐殖质土 4 份、园土 4 份、河沙 2 份，另加少量骨粉混合配制而成。这种培养土疏松肥沃、排水性能好，呈微酸性，有利于植物生长发育。

光：为短日照植物，对光照要求不严，全日照、半日照和散射光照条件下均能生长良好。夏季炎热时要注意通风、遮阴，避免强阳光直射。

温度：适宜生长温度 15 ~ 25℃，冬季入温室或放室内向阳处，温度保持 10℃ 以上，最低温度不能低于 5℃，温度低时叶片容易发红。

繁殖：扦插繁殖、组培繁殖。

病虫害防治：主要有白粉病和叶枯病危害，可用 65% 代森锌可湿性粉剂 600 倍液喷洒。虫害有介壳虫和蚜虫危害叶片和嫩梢，可用 40% 乐果乳油 1000 倍液喷杀防治。

# 吸毒草

别名：薄荷香脂、蜂香脂、蜜蜂花

原产地：欧洲地中海南岸

类别：唇形科薄荷属

形态特征：多年生草本，株高 50cm 左右，下部数节具纤细的须根及水平匍匐根状茎，菱形，具四槽，上部被倒向微柔毛，下部仅沿菱上被柔毛，多分枝。叶片长圆状披针形，长 3 ~ 5cm，宽 0.8 ~ 3cm，先端锐尖，侧脉 5 ~ 6 对。轮伞花序腋生，轮廓球形，花冠淡紫色。茎叶具有香味，花期 7 ~ 8 月。

生态习性：耐寒耐阴耐干旱，也耐修剪。冬季能耐低于 0℃ 的低温，夏季 30℃ 以上的高温生长受限，最适宜的生长温度在 10 ~ 20℃ 之间。

## 养护要点

水：水分对其生长发育有较大的影响，植株生长初期和中期要求水分较多。

坚持土面不干不浇水，干则浇透水的原则，每隔 3 ~ 5 天浇 1 次水即可。

肥：以氮肥为主，磷、钾肥为辅，遵循薄肥勤施的方法。

土：对土壤要求不严，除了过酸和过碱的土壤外都能栽培。但以疏松肥沃、排水良好的沙壤土为好。

光：喜欢光线明亮但不直接照射到的阳光之处。如果房间采光很好，可将其放置在有阳光照射的地方，室内正常通风即可。

温度：最适生长温度为 20 ~ 30℃。有较强的耐寒能力。冬季能耐低于 0℃ 的温度，但放置于较温暖的地方有利于植株的正常生长。

繁殖：播种、扦插和分株繁殖。

病虫害防治：主要有斑枯病、锈病和银纹夜蛾等。斑枯病用 65% 代森锌 500 倍液叶面喷雾防治。锈病应在发病初期用 15% 粉锈宁可湿性粉剂 1000 倍液或 40% 多菌灵胶悬剂 800 倍液喷雾。银纹夜蛾用 90% 敌百虫 1000 倍液或 2.5% 溴氰菊酯或 20% 杀灭菊酯 1500 倍液喷雾。

天浇 1 次水；冬季则要严格控制浇水量，如盆土湿度过大，对越冬不利。

肥：平时可每周浇一次 1：10 的矾肥水。在盛夏高温时，应每 4 天施肥 1 次，施肥不宜过浓，否则易引起烂根。

土：要求培养土富含有机质，而且具有良好的透水和通气性能，一般可用田园土 4 份、堆肥 4 份、河沙或谷糠灰 2 份，外加充分腐熟的干枯饼末、鸡鸭粪等适量，并筛出粉末和粗粒，以粗粒垫底盖面。

光：喜光，宜放置在阳光充足的房间里，夏季宜遮阴 20% ～ 30%

温度：忌高温的环境，夏季需采取降温措施。畏寒，在气温下降到 6 ～ 7℃时，应搬入室内，同时注意开窗通风，以免造成叶子变黄脱落。冬季气温低于 3℃时，枝叶易遭受冻害，如持续时间长就会死亡。

繁殖：多用扦插，也可压条或分株繁殖。

病虫害防治：主要虫害有卷叶蛾和红蜘蛛危害顶梢嫩叶，要注意及时防治。

## 茉莉花

别名：茉莉、香魂、莫利花
原产地：亚热带地区
类别：木樨科素馨属
形态特征：常绿小灌木或藤本状灌木，高可达 1m。单叶对生，光亮，宽卵形或椭圆形，叶脉明显，叶面微皱，叶柄短而向上弯曲，有短柔毛。初夏由叶腋抽出新梢，顶生聚伞花序，顶生或腋生，有花 3 ～ 9 朵，通常 3 ～ 4 朵，花冠白色，极芳香。花期 11 月至第二年 3 月。

生态习性：性喜温暖湿润，在通风良好、半阴的环境生长最好。大多数品种畏寒、畏旱，不耐霜冻、湿涝和碱土。

### 🌼 养护要点

水：盛夏日照强，需水多，可早晚各浇 1 次水。天旱时还应用水喷洒叶片及盆周围的地面，雨天时应及时倒除盆内积水，秋天气温降低，可减为 1 ～ 2

颜色鲜绿，有利于秋季花朵的开放。

肥：在生长期，可适量追施复合肥 3 ~ 5 次，但应控制氮肥施用量，以免营养生长过旺而影响生殖生长，使开花减少。

土：对土壤的适应性较强，但以富含腐殖质排水良好的沙壤土为佳。可使用塘泥、泥炭土、河沙按 5 : 3 : 2 混合配制。

光：喜温暖湿润及阳光充足的环境，也可置于稍阴蔽的地方，但光照不足开花减少。故不可久置于室内，应定期移出室外接受阳光的照射。

温度：生长适温为 20 ~ 30℃，喜温暖的生长环境，耐寒性较弱，冬季易受低温危害，需及时采取保温措施。

繁殖：扦插法繁殖。

病虫害防治：一般较少感染病害，生长期每月喷洒 1 次杀菌剂即可对病害起到预防作用。虫害主要有红蜘蛛等，注意改善植株周围通风环境，另外可喷洒 40% 乐果 800 ~ 1000 倍液进行防治。

# 飘香藤

别名：双喜藤、文藤
原产地：美洲热带
类别：夹竹桃科双腺藤属
形态特征：多年生常绿藤本植物。叶对生，全缘，长卵圆形，先端急尖，革质，叶面有皱褶，叶色浓绿并富有光泽。花腋生，花冠漏斗形，花为红、桃红、粉红等色，花期主要为夏、秋两季，如养护得当其他季节也可开花。

生态习性：喜温暖湿润及阳光充足的环境，也可置于稍阴蔽的地方，但光照不足开花减少。生长适温为 20 ~ 30℃，对土壤的适应性较强，但以富含腐殖质排水良好的沙质壤土为佳。

## 养护要点

水：在养护过程中，要适当控制浇水，以形成发达的根系。宜保持盆土湿润，但不可积水，夏季气温升高时常向植株喷水来增加空气湿度，使叶片

状况而定，在炎热夏季除需浇水外，每天还要向枝叶喷水 2~3 次和周围地面洒水，以提高空气湿度。秋季进入花芽分化期，浇水宜减少一些。

肥：生长期间每月需施 1 次追肥。追肥宜用腐熟稀薄的豆饼水或复合化肥，促使其枝繁叶茂，开花满枝头。

土：对土壤要求不严，但栽培在富含有机质、排水良好、土层深厚的肥沃土壤中，则生长更茁壮。培养土以选用腐叶土、园土、山泥等为主，并施入适量经腐熟的堆肥、豆饼、骨粉等有机肥作基肥。

光：为阳性植物，性喜温暖高温湿润的气候，适合种植于阳光充足和通风处，冬季需采取一定的补光措施。

温度：不耐寒，室温保持在 10℃以上对生长有益。冬季低温时期需采取一些保温措施。

繁殖：扦插、压条繁殖。

病虫害防治：病害一般较少，有时也要防止叶斑病和白粉病的发生，宜用 50% 多菌灵可湿性粉剂 1500 倍液喷洒。虫害有粉虱和介壳虫，可用 40% 氧化乐果乳油 1200 倍液喷杀。

# 炮仗花

别名：黄金珊瑚

原产地：中美洲

类别：紫葳科炮仗花属

形态特征：常绿木质大藤本，有线状、3 裂的卷须，可攀援高达 7 ~ 8m。小叶 2 ~ 3 枚，卵状至卵状矩圆形，长 4 ~ 10cm，先端渐尖，茎部阔楔形至圆形，叶柄有柔毛。花橙红色，长约 6cm。萼钟形，有腺点。花冠厚、反转，有明显的白色绒毛，多朵紧密排列成下垂的圆锥花序。

生态习性：性喜向阳环境和肥沃、湿润、酸性的土壤，生长迅速，在华南地区，能保持枝叶常青，可露地越冬。

🌼 养护要点

水：要保持土壤湿润，浇水次数应视土壤湿润

叶色富光泽。冬季室温低于 10℃ 以下，则停止施肥。

土：对土壤要求不严，但在肥沃疏松的土壤上生长好。可用腐叶与菜园土等量混合作培养土。

光：喜暖喜光，要求阳光充足的环境，宜置于向阳庭院、屋顶花园或西、南向阳台，通风良好，日照充足处，才能叶茂花繁，过阴则花少，甚至无花。

温度：最适宜温度为 20 ~ 30℃，温度高于 30℃ 时，宜采取一些降温措施。不耐寒，冬季温度低于 10℃，叶片易受冻害。

繁殖：播种、扦插繁殖。

病虫害防治：病虫害较少，偶有根腐病和茎腐病危害，除注意通风和减少湿度外，可用 75% 百菌清可湿性粉剂 800 倍液喷洒防治。通风不良还会引起介壳虫危害，注意管理得当。

# 茑萝

别名：五角星花、密萝松、狮子草

原产地：墨西哥

类别：旋花科番薯属

形态特征：一年生藤本花开，单叶互生，叶的裂片细长如丝，花从叶腋下生出，花梗长约寸余，上着数朵五角星状小花，颜色深红鲜艳，除红色外，还有白色的。花期从 7 月上旬至 9 月下旬，每天开放一批，晨开午后即蔫。

生态习性：喜温暖，忌寒冷，怕霜冻，温度低时生长非常缓慢。

## 养护要点

水：适时浇水，保持盆土湿润。盆内不能积水。定植后浇 1 次透水，以后随植株的长大和气温的长高，从 5 天到三两天浇 1 次水，逐渐改为每天浇 1 次水。夏季应多浇水，冬季需控制浇水，否则盆土过湿，根部易腐烂，叶片变黄枯萎。

肥：除施入基肥外，开花前还需追施液肥 1~2 次。春至秋季间每 1 ~ 2 个月施用 1 次氮肥能促进

2～3次0.2%的尿素加0.1%的磷酸二氢钾混合液，当气温降到10℃以下时，应停止一切形式的追肥，以免造成低温条件下的肥害伤根。

土：要求土壤通透性良好。栽培基质多用泥炭、粗沙或冲洗过的煤渣与少量园土混合，并将其pH值调整至6～6.5之间，呈微酸性状态。

光：喜光又有一定的耐阴性，应为其创造一个阳光较好但又有一定程度庇阴的环境。忌强光直射。

温度：生长适温为10～32℃，整个越冬期内，温度应保持在8～10℃之间。

繁殖：可用压条或嫁接法繁殖。

病虫害防治：常有锯蜂、蔷薇叶蜂、介壳虫、蚜虫以及焦叶病、溃疡病、黑斑病等病虫害，除应注意用药液喷杀外，每年冬季，对老枝及密生枝条，常进行强度修剪，保持透光及通风良好，可减少病虫害。

# 蔷薇

别名：野蔷薇、刺蘼、刺红、买笑

原产地：亚洲

类别：蔷薇科蔷薇属

形态特征：落叶灌木，茎细长，蔓生，枝上密生小刺，羽状复叶，小叶倒卵形或长圆形，花白色或淡红色，有芳香。果近球形，直径6～8mm，红褐色或紫褐色，有光泽，无毛，萼片脱落。

生态习性：喜阳光，亦耐半阴，较耐寒，对土壤要求不严，耐干旱，耐瘠薄，但栽植在土层深厚、疏松、肥沃、湿润而又排水通畅的土壤中则生长更好，也可在黏重土壤上正常生长。不耐水湿，忌积水。

## 养护要点

水：开花期可每月浇水3～4次，保持土壤湿润。夏季时需每月增加浇水2～3次。

肥：对肥料的要求不高，生长季节可每月浇施

# 翠菊

**别名：** 江西腊、七月菊

**原产地：** 中国北部

**类别：** 菊科翠菊属

**形态特征：** 一年生草本浅根性植物。叶互生，叶片卵形至长椭圆形，有粗钝锯齿，下部叶有柄，上部叶无柄。头部花序单生枝顶，花径5～8cm，头状花序单生枝顶。舌状花，花色丰富，有红、蓝、紫、白、黄等深浅各色。春播花期7～10月；秋播5～6月。

**生态习性：** 喜温暖、湿润和阳光充足环境。忌高温多湿和通风不良。不耐寒，在肥沃疏松的土壤环境中生长良好。

## 养护要点

**水：** 生长过程中要保持盆土湿润，有利茎叶生长。同时，盆土过湿对其影响较大，易引起徒长、倒伏且发生病害。夏季除浇水外，每天还需喷水数次，防止空气过于干燥而抑制其正常生长。

**肥：** 生长期每旬施肥1次，也可用"卉友"20－20－20通用肥。盆栽后45～80天增施磷、钾肥1次。

**土：** 宜用疏松、肥沃，透气的中性或微酸性土壤。常用腐叶土或泥炭土、培养土或粗沙的混合基质。

**光：** 属长日照植物，对日照反应比较敏感，在每天15小时长日照条件下能保持植株矮生，开花提早。若短日照处理，植株长高，开花推迟。避免烈日直射，以免叶片枯黄。

**温度：** 生长适温为15～25℃，冬季温度不低于3℃。若0℃以下茎叶易受冻害。相反，夏季温度超过30℃，开花延迟或开花不良。

**繁殖：** 常用播种繁殖。

**病虫害防治：** 主要病害有黄化病，可喷50%马拉松1000倍液等杀虫剂防治。灰霉病宜喷50%速克灵可湿性粉剂1500倍液或50%扑海因1500倍液。

而对用甲基溴化物处理土壤和碱性土壤反应非常敏感，适宜于 pH5.5 ~ 6.0 的土壤中生长。

光：喜光性花卉，阳光充足的环境对其生长发育十分有利。若光照不足，植株易徒长，茎叶细长，叶色淡绿，如长时间光线差，叶片变黄脱落。如开花植株摆放在光线较差的场所，往往花朵不鲜艳、容易脱落。对光周期反应敏感，具短日照习性。

温度：生长期以 13 ~ 18℃最好，温度超过 30℃，植株生长发育受阻，花、叶变小。因此，夏季高温期，需降温或适当遮阴，来控制一串红的正常生长。长期在 5℃低温下，易受冻害。

繁殖：以播种繁殖为主，也可用于扦插繁殖。

病虫害防治：放置地点要注意空气流通，肥水管理要适当，否则植株会发生腐烂病或受蚜虫、红蜘蛛等侵害。发现虫害，可用 40% 乐果 1500 倍液喷洒防治。

# 一串红

别名：爆仗红（炮仗红）、象牙红、西洋红

原产地：巴西

类别：唇形科鼠尾草属

形态特征：茎高约 80cm，光滑。叶片卵形或卵圆形，顶端渐尖，基部圆形，两面无毛。轮伞花序具 2 ~ 6 花，密集成顶生假总状花序，苞片卵圆形；小坚果卵形，有 3 棱，平滑。花期 7 ~ 10 月。

生态习性：喜阳，也耐半阴，宜肥活疏松土壤，耐寒性差，生长适温 20 ~ 25℃。

## 养护要点

水：生长前期不宜多浇水，可两天浇 1 次，以免叶片发黄、脱落。进入生长旺期，可适当增加浇水量，开始施追肥，每月施 2 次，可使花开茂盛，延长花期。

肥：肥料不宜过多，掌握薄肥勤施的原则即可。

土：要求疏松、肥沃和排水良好的沙壤土。

# 四、书房观花植物

**书房盆栽的功效：**书房内摆放的花开植物可以吸收有害气体、改善环境、增加情趣、陶冶情操、提供氧气；同时盆花植物有利于减轻工作压力，有助于工作和学习。

## 海石竹

别名：桃花钗、滨簪花

原产地：欧洲、美洲

类别：蓝雪科海石竹属

形态特征：多年丛生状草本植物，植株低矮，丛生状，株高 20 ~ 30cm。叶线状长剑形，花为粉红色至玫瑰红色，全缘、深绿色；春季开花，头状花序顶生。花茎细长，小花聚生于花茎顶端，呈半圆球形，紫红色，花茎约 3cm。

生态习性：耐阴，耐旱，易生长，在温暖湿润、空气流通的环境中生长良好。喜排水良好的沙壤土。

### 养护要点

水：浇水应掌握见干见湿的原则，盆土宜经常保持湿润，炎热夏季每月浇水 3 ~ 4 次，水量要控制，预防树根腐烂。耐旱性较强，数月不浇水也可正常

生长。另外，室内温度较高时，需常向叶面或周围环境喷水以降低温度。

肥：喜肥，盆栽要求施足基肥。生长季节每月可以施 1 次肥，以磷、钾肥料为主，宜施稀薄肥。

土：栽培土质以富含有机质的腐叶土为佳。或者可用菜园土、腐叶土、泥炭土、河沙等按照适当的比例混合配制。

光：性喜温暖湿润的环境，宜放置于有适当光照的地方，维持植株基本的光合作用，促进叶片保持新绿且有光泽。夏季日照强烈时应适当遮阴，忌长时间暴露在直射的阳光下。

温度：生长适温为 15 ~ 25℃。不耐寒，生长温度 18 ~ 33℃，夏季生长旺盛，不需太多管理。冬季不能低于 10℃，低于 6℃极易受到冻害。

繁殖：分株法繁殖。

病虫害防治：常有锈病和红蜘蛛危害，会减弱植株的光合作用，使叶片发黄枯死，降低观赏价值。除平时加强管理外，还可施用化学药剂防治。锈病可用 50% 萎锈灵可湿性粉剂 1500 倍液喷洒，红蜘蛛用 40% 氧化乐果乳油 1500 倍液喷杀。

常见的观花植物

发生。夏季可 2~3 天浇透水 1 次。

肥：可用少量迟效肥作基肥，平常用 1000 ~ 2000 倍的水溶性速效肥，每半月追施 1 次；生长前期宜氮肥多些，促进根、叶的生长；花期需提高钾肥的含量，使其开花健壮。

土：假鳞茎和叶片肥厚，气生根旺盛，通常需用排水良好、疏松透气的栽培基质，通常用蕨根、苔藓、树皮块等。

光：较耐阴，夏季适当予以遮光，可用遮阳网挡去 50% ~ 60% 的阳光。

温度：温度白天在 21 ~ 30 ℃、夜间在 15 ~ 16℃时生长最佳。能忍受 35℃的高温，冬季宜适当增温。

繁殖：用分株、组织培养或无菌播种繁殖。

病虫害防治：病害有炭疽病、锈病等，平常加强室内通风，喷洒一些杀虫剂即可防治。虫害主要有介壳虫、线虫等，用 40%氧化乐果乳油 1000 倍液喷洒效果较好。

# 卡特兰

别名：阿开木、嘉德利亚兰、加多利亚兰、卡特利亚兰

原产地：热带美洲

类别：兰花科卡特兰属

形态特征：多年生草本附生植物，具 1 ~ 3 片革质厚叶。花单朵或数朵，着生于假鳞茎顶端，花大而美丽，色泽鲜艳而丰富。花萼与花瓣相似，唇瓣 3 裂，基部包围在雄蕊下方，中裂片伸展而显著。花大，花径约 10cm，有特殊的香气。

生态习性：性强健，容易栽培，喜温暖湿润环境，半耐阴，耐旱，土壤要求肥沃、排水性较好。

## 🌻 养护要点

水：春秋季是其生长季节，要求充足的水分和较高的空气湿度。浇水需待盆土较为干燥时进行，如果盆内始终湿度太大或积水，就会引起根部病害

肥：喜肥，在栽植前施以足量的烘肥及骨粉，生长期内还要不断追施液肥，一般每隔 10 天左右施 1 次腐熟的稀薄肥水，采花后施 1 次追肥。

土：要求排水良好、腐殖质丰富，保肥性能良好而微呈碱性的黏质土壤。

光：喜好强光是其重要特性，应该放在有直射光照射的窗台等位置上。冬季由于光照条件不是很好，可以搬出室外完全接受阳光照射。

温度：耐寒性好，耐热性较差，最适生长温度 14 ～ 21℃，温度超过 27℃ 或低于 14℃ 时，植株生长缓慢。冬季应保温、夏季适当降温，以此来保证植株的健康成长。

繁殖：用播种、压条和扦插法繁殖均可，以扦插法为主。

病虫害防治：常见的病害有锈病、灰霉病、根腐病等，病害严重易引起落花、落叶等现象，可用波尔多液喷洒防治。遇红蜘蛛、蚜虫为害时，一般用 40% 乐果乳剂 1000 倍液杀除。

# 康乃馨

别名：香石竹、狮头石竹、麝香石竹
原产地：地中海地区
类别：石竹科石竹属
形态特征：常绿亚灌木，作多年生宿根花卉栽培。叶厚线形，对生。花大，具芳香，单生、2 ～ 3 朵簇生或成聚伞花序；花瓣不规则，边缘有齿，单瓣或重瓣，有红色、粉色、黄色、白色等色。花期 4—9 月。

生态习性：喜阴凉干燥，阳光充足与通风良好的生态环境。宜栽植于富含腐殖质、排水良好的石灰质土壤。喜肥。

## 养护要点

水：较耐干旱。雨季要注意松土排水。除生长开花旺季要及时浇水外，平时可少浇水，以维持土壤湿润为宜。空气湿润度以保持在 75% 左右为宜，花前适当喷水调湿，可防止花苞提前开裂。

氮、磷相结合的稀薄肥水，促使花芽形成。伏天追施 1～2 次，肥宜薄。秋后再施 1 次即可。换盆时可在盆底施足基肥，如骨粉、豆饼等。

土：土壤要选择含腐殖质高、疏松通气沙质营养土壤。

光：性喜阳光，能耐阴，对光照要求不高，室内有散射光处都能很好地生长。

温度：较耐寒，只要不低于 −15℃ 就能露地安然越冬，但花期不得低于 −10℃。夏季温度升高时宜用喷水等方法降低周围环境的温度。

繁殖：蜡梅常用嫁接、扦插、压条或分株法繁殖。

病虫害防治：病害较少、虫害较多，常见有蚜虫、介壳虫、刺蛾、卷叶蛾等。采取预防为主，可将花盆放在采光通风好的环境生长，减少病虫害的发生。也可用 50% 杀螟松 1000 倍液喷杀。

# 蜡梅

别名：金钟梅、黄梅、香梅、蜡木
原产地：我国中部地区
类别：蜡梅科蜡梅属
形态特征：落叶灌木，高可达 4～5m。常丛生。叶对生，近革质，椭圆状卵形至卵状披针形，先端渐尖，全缘，芽具多数覆瓦状鳞片。冬末先叶开花，花单生于一年生枝条叶腋，有短柄及杯状花托，花被多片呈螺旋状排列，黄色，带腊质，花期 12 到次年 1 月，有浓芳香。

生态习性：性喜阳光，能耐阴、耐寒、耐旱，忌渍水。

## 养护要点

水：耐旱怕涝，如水分过高，土壤过于潮湿，植株生长不良，影响花芽分化。应保持土壤偏干为宜，平时不干不浇，浇则浇透，花前或开花期尤其要注意必须适量浇水，如果浇水过多容易落蕾落花，但水分过少开得也不整齐。

肥：喜肥，在 4—6 月花芽形成前期宜隔 10 天施 1 次饼肥水。6 月底至入伏前，每周追施 1 次

肥：可每月施加已稀释的液态肥 2 ~ 3 次，此外固态肥亦可同时施用。温度低于 10℃ 时停止施肥。

土：常用基质为碎蕨根 40%、泥炭土 10%、碎木炭 20%、蛭石 20%、水苔 10%。

光：夏季阳光强烈，必须遮阴 50% ~ 60%，否则叶片易被阳光灼伤；而在春秋两季里，阳光较夏季柔和，一般只需要 30% 左右的遮阴。冬天要接受阳光直射。

温度：不宜在温度太低的环境下生长，当温度低于 10℃ 时，易受到伤害，但对于一些较不耐低温的品种而言，当温度在 12℃ 时，就会因受寒害而枯死。高温时必须保持环境通风良好。

繁殖：组织培养与分株繁殖。

病虫害防治：常见病害有花叶病，用 50% 甲基托布津可湿性粉剂 500 倍液喷杀可防治。

常见虫害有蜗牛、介壳虫、白粉虱等。介壳虫可用 800 ~ 1000 倍液速扑杀或速蚧灵喷杀，白粉虱可用 3000 倍液速扑风蚜或蚜虫消喷杀。

# 文心兰

别名：跳舞兰、金蝶兰、瘤瓣兰

原产地：美洲热带地区

类别：兰科文心兰属

形态特征：叶片 1 ~ 3 枚，可分为薄叶种、厚叶种和剑叶种。一般 1 个假鳞茎上只有 1 个花茎，一些生长得粗壮的假鳞茎上也可能有 2 个花茎。花色以黄色和棕色为主，还有绿色、白色、红色和洋红色等。花的唇瓣通常三裂，或大或小，呈提琴状，在中裂片基部有一脊状凸起物，脊上有凸起的小斑点。

生态习性：喜湿润和半阴环境，较耐旱，不耐寒，忌阳光直射，喜肥沃的土壤。

## 🌻 养护要点

水：盆土干燥时，应立即充分浇水；在生长旺盛的季节里需水量增加，最好每天早、晚各浇水 1 次；到了冬季气温较低时，应停止浇水，以助其顺利越冬。

不施肥，但在花前期和花后期应注意适当补充肥料。

土：不宜用泥土，而要采用水苔、浮石、桫椤屑、木炭碎等进行培植。

光：忌烈日直射，否则会大面积灼伤叶片，但也不耐室内过阴，会导致生长缓慢不利于养分存储和开花。最好能放于朝北朝东的窗台旁，使之接受到散射光，则生长强健病害少。

温度：适宜生长温度为 20 ~ 30℃。低于 15℃即进入休眠，低于 10℃容易死亡。但高于 35℃高温影响生长并容易患病。开花需经历 1 个月的 15 ~ 18℃低温才能促成花芽分化，此后如果继续持续低温则花梗萌发迟缓。

繁殖：组织培养、分株繁殖。

病虫害防治：病虫害的发生大多因为环境不佳导致，在低温或日照不足时特别容易发生，故日常应加强养护，提高警觉性。常见病虫害有黑腐病、叶斑病、蜗牛及红蜘蛛等。

# 蝴蝶兰

**别名：** 蝶兰

**原产地：** 欧亚、北非、北美和中美

**类别：** 兰科蝴蝶兰属

**形态特征：** 叶宽而厚，长椭圆形，可达 50cm 以上。有的品种在叶上有美丽的淡银色斑驳，下面为紫色。花梗由叶腋中抽出，稍弯曲，长短不一，开花数朵至数百朵，形如蝴蝶，萼片长椭圆形，唇瓣先端 3 裂，花色繁多，可开花 1 个月以上。

**生态习性：** 性喜暖畏寒，不耐旱，畏涝湿。

## 养护要点

水：夏季高温时期保持材质湿润即可，可用喷雾洒水降温增湿。夏天每日浇水量以当日能自然风干为好，见干见湿，这样会大大减少腐根和病害的发生率。冬季少浇水仅保持材质微湿即可。

肥：薄肥勤施，切忌施过浓化肥。在生长期施氮、钾肥，每周或半月施用 1 次即可。开花期和休眠期

天喷施 1 次 0.3% 的磷酸二氢钾液，则开花更为繁茂。

土：喜酸性土，盆栽宜选用以腐叶土为主的培养土。

光：四季都应放在阳光充足的地方。如置于光线充足、通风良好的庭园或阳台上，每天光照在 8 ~ 12 小时以上，会使植株叶色浓绿，枝条生长粗壮，开花的次数多，花色鲜黄，香气也较浓郁。

温度：性喜温暖，温度越高，开出来的花就越香。温度适宜范围在 20 ~ 35℃。

繁殖：常用压条和扦插繁殖。

病虫害防治：常有叶斑病、炭疽病和煤污病危害，可用 70% 甲基托布津可湿性粉剂 1000 倍液喷洒。虫害有螨、蚜虫和介壳虫危害。螨、蚜虫可用蚜螨杀、蚜克死、蚜螨净等药物进行灭杀。介壳虫可用吡虫啉类杀虫剂进行灭杀。

# 米兰

别名：树兰、米仔兰

原产地：亚洲南部

类别：楝科米仔兰属

形态特征：常绿灌木或小乔木。奇数羽状复叶，互生，叶轴有窄翅，小叶 3 ~ 5，对生，倒卵形至长椭圆形。圆锥花序腋生。花黄色，极香。花萼 5 裂，裂片圆形。花冠 5 瓣，长圆形或近圆形，比萼长。花期 7—8 月。

生态习性：喜温暖湿润和阳光充足环境，不耐寒，稍耐阴，土壤以疏松、肥沃的微酸性土壤为最好。

## 养护要点

水：夏季生长旺季，需水量增多，一般每天浇水 1 次。高温晴朗天气，每天早、晚各浇 1 次水即可。如果缺水，会使叶子发黄甚至脱落。如遇阵雨，雨后要侧盆倒水，以防烂根。

肥：进入生长旺期和开花期，每隔 15 天左右，需施 1 次以磷肥为主的较浓肥料，或隔 15 ~ 20

光：光照对其生长影响较为明显，故应该根据不同的季节及生长时期调控光照的强度。春夏两季应注意遮去中午的光照或在半光照下养护，秋冬季节光照影响较小。

温度：生长适温 20~30℃，越冬最低温 10℃。夏季可采用遮光法降温，使环境温度保持在 30℃以下。冬季可布置于室内有光照处或光线明亮处，室内气温保持在 10℃左右。

繁殖：分株或播种繁殖。

病虫害防治：病虫害较少。由于叶筒长期贮存水，根、叶易腐烂，故要注意往叶筒内加水时用干净水，时间长了再用 500 倍的百菌清杀剂清洗根、叶部，防止腐烂。螨类虫害也较为常见，可用人工捕捉防治。

# 紫凤梨

别名：铁兰、紫花凤梨、细叶凤梨

原产地：厄瓜多尔

类别：凤梨科铁兰属

形态特征：多年附生常绿草本植物。株高约30cm，莲座状叶丛，中部下凹，先斜出后横生，弓状。淡绿色至绿色，基部酱褐色，叶背绿褐色。总苞呈扇状，粉红色，自下而上开紫红色花。花径约3cm。苞片观赏期可达 4 个月。

生态习性：喜明亮光线和高温、高湿的环境，忌阳光直射，较耐干燥和寒冷。

## 🌻 养护要点

水：需水量不是特别大，浇水过多易发生花腐病。平常应控制浇水，每周 1 次即可。秋季中午气温较高时应向叶片和四周喷水数次，以增加空气湿度。生长旺季及花期应保持盆土的潮湿。

肥：为使其生长健壮，每 1 ~ 2 周可往叶筒中施少量叶面肥，施肥时应以氮肥和钾肥为主。

土：要求基质疏松、透气、排水良好，pH 值呈酸性或微酸性。

肥：需肥量不是很大，掌握薄肥多施的原则即可。宜多施液肥。夏季可2天浇肥水1次，气温高时可多浇1次水；秋季一般5～7天浇肥水1次。

土：在肥沃的土壤中生长良好，宜选用排水良好的基质，其pH值保持在5.5～6.5之间。

光：喜光，但忌阳光直射，在夏季可放在房间的阴面或厅内有散射光的位置，也可放在室外阳光直射不到的地方，如树阴下、花丛下或阴凉处。在冬季应放在房间的阳面。

温度：适宜生长温度14～35℃，最适温度19～25℃，昼夜温差3～6℃时生长较为正常，即最好白天21～25℃，夜间19℃左右。

繁殖：主要采用分株、扦插、播种和组织培养进行繁殖。

病虫害防治：主要的病虫害有细菌性枯萎病、叶斑病、红蜘蛛、介壳虫、蜗牛等。病害可喷洒一些药剂，虫害的防治主要注意调节室内的通风条件等方面。

# 红掌

别名：花烛、安祖花、火鹤花、红鹅掌

原产地：南美洲热带

类别：天南星科花烛属

形态特征：多年生常绿草本花卉。株高一般为50～80cm，因品种而异。具肉质根，无茎，叶从根茎抽出，具长柄，单生、心形、鲜绿色，叶脉凹陷。花腋生，佛焰苞蜡质，正圆形至卵圆形，鲜红色、橙红肉色、白色，肉穗花序，圆柱状，直立。四季开花。

生态习性：性喜温热多湿而又排水良好的环境，怕干旱和强光暴晒。

## 养护要点

水：在高温季节通常2～3天浇水1次，寒冷季节浇水应在上午9时至下午4时前进行，以免冻伤根系。在浇水过程中切忌在植株发生严重缺水的情况下浇水，这样会影响其正常生长发育。

# 大丽花

别名：大理花、天竺牡丹、东洋菊

原产地：墨西哥高原

类别：菊科大丽花属

形态特征：多年生草本。植株高约1.5m，叶对生，是羽状复叶。它的头状花序中央有无数黄色的管状小花，边缘是长而卷曲的舌状花，有各种绚丽的色彩，花的娇艳就是通过它显示出来的。

生态习性：适应不同气候及土质，病虫害少，易管理，最好繁殖。

水：喜湿润怕渍水。浇水过多根部易腐烂。但是它的叶片大，生长茂盛，又需要较多水分。如果缺水萎蔫后不能及时补充水分，经阳光照射，轻者叶片边缘枯焦，重者基部叶片脱落。故需要掌握"干透浇透"的原则。

肥：除施基肥外，还要追肥。通常从7月中下旬开始直至开花为止，每7～10天施1次稀薄液肥，而施肥的浓度要逐渐加大，才能使茎干越长越粗壮，叶色深绿而舒展。

土：适生于疏松、富含腐殖质和排水性良好的沙壤土。一般以菜园土50%、腐叶土20%、20%和大粪干10%配制的培养土为宜，板结土壤容易引起渍水烂根，不适宜用作盆土。

光：喜阳光充足的环境。若长期放置在阴蔽处则生长不良，根系衰弱，叶薄茎细，花小色淡，甚至不能开花。所以应常常让其接触阳光，促进叶片、花朵的良好生长。但又怕炎夏烈日直晒，特别是雨后初晴的暴晒，这时应稍加遮阴，则生长更好。

温度：开花期喜凉爽的气候，气温在20℃左右，生长最佳。

繁殖：以分根和扦插繁殖为主，育种用种子繁殖。

病虫害防治：易发生的病虫害有白粉病、花腐病、螟蛾、红蜘蛛。

# 黄婵

别名：无心花

原产地：巴西

类别：夹竹桃科黄婵属

形态特征：常绿性灌木，枝条不具攀缘性，幼枝呈暗紫红色。叶长椭圆形，单叶轮生，叶端较尖，薄肉质且全绿。叶面平滑，背面中肋有毛，叶有甚短之柄，叶脉为羽状。

花聚伞状花序，花色鲜黄，中心有红褐色条斑，花瓣五，合生为花冠筒，花冠基部不膨大，花蕊藏于冠喉中。果实圆形，密生锐利。花期为5—10月。

生态习性：喜温暖湿润和阳光充足的环境，不耐寒。

## 🌻 养护要点

水：需水量不大，空气干燥时要向植株喷水，否则会因空气过于干燥而引起叶片卷皱。春天2～3天浇水1次，花后宜保持盆土稍干一些，4月以后宜保持盆土略湿润；夏天气温高，可每天浇水1次；秋季则宜见干见湿；冬季浇水宜少。

肥：生长期每10天左右施1次腐熟的稀薄液肥或复合肥，注意肥料中氮肥含量不宜过多，以免枝叶生长过旺而开花稀少。冬季气温降低后停止施肥。

土：栽培土质以肥沃的壤土或沙壤土为佳。可用腐殖土、泥炭土、河沙各1份混合作基质。

光：日照需良好，尽量给予充足的阳光。当夏季阳光过于强烈的时候，要把花盆移入室内，特别是中午，要适当进行遮阴。

温度：生长适宜温度为10～28℃。如果冬季温度低于10℃，叶片易受冻害。

繁殖：扦插繁殖。

病虫害防治：黑斑病常危害新芽，严重时整株枯死。除加强通风、控制空气湿度外，可用65%代森锌可湿性粉剂600倍液喷洒。如有介壳虫危害叶片，可用40%氧化乐果乳油1000倍液喷杀。

常见的观花植物

# 五、庭院观花植物

**庭院观花植物功效**：本小节的植物由于生长习性，适合在庭院中养护，多数喜光，由于庭院日照充足，同时通风良好，利于这些盆栽的生长。在庭院中养护盆栽也可以美化庭院空间，吸收有害气体，营造一种舒适和美好的家庭生活环境。

## 夜来香

**别名**：夜香花、夜兰香

**原产地**：亚洲热带地区

**类别**：萝藦科夜来香属

**形态特征**：藤状灌木。小枝柔弱，有毛，具乳汁。叶对生；叶片宽卵形、心形至矩圆状卵形，长4 ~ 9.5cm，宽3 ~ 8cm，先端短渐尖，基部深心形，全缘，基出掌状脉7 ~ 9条，边缘和脉上有毛。伞形状聚伞花序腋生，有花多至30朵；花冠裂片5瓣，矩圆形，黄绿色，有清香气。

**生态习性**：喜温暖、湿润、阳光充足、通风良好、土壤疏松肥沃的环境，耐旱、耐瘠，不耐涝，不耐寒。

### 🌻 养护要点

**水**：夏季是生长旺季，除施足肥料外盆土必须经常保持湿润，必要时一天浇2次水。幼苗期每天应向叶面喷水1 ~ 2次。

**肥**：生长期应每隔10 ~ 15天施1次液肥，4月下旬开始每半月施1次稀薄液肥，从5月中旬起即可保证不断开花，如能施用春泉883或惠满丰等高效腐殖酸液肥，则效果更好。

**土**：喜疏松、排水良好、富含有机质的偏酸性土壤。其盆土一般用泥炭土或腐叶土3份加粗河泥2份和少量的农家肥配成，盆栽时底部约1/5深填充颗粒状的碎砖块，以利盆排水，上部用配好的盆土栽培。

**光**：要求通风良好的环境条件，5月初至9月底宜放院内阳光充足或阳台上养护，虽然喜阳光充足，但在夏季的中午应避免烈日暴晒。

**温度**：每年10月中下旬应将其移入室内，室温要求保持8 ~ 12℃，如温度低于5℃，叶片会枯黄脱落直至死亡。

**繁殖**：主要用扦插繁殖，也可用分株和播种繁殖。

**病虫害防治**：常发生煤污染病和轮纹病，可用50%甲基托布津可湿性粉剂500倍液喷洒。虫害常有蚜虫、介壳虫和粉虱危害，可用50%杀螟松乳油1000倍液、天王星、氯氰菊酯和快杀灵等防治，效果较好。

## 月季

别名：月月红、长春花

原产地：中国

类别：蔷薇科蔷薇属

形态特征：常绿或落叶灌木。多数羽状复叶，宽卵形或卵状长圆形，长 2.5 ~ 6cm，先端渐尖，具尖齿，叶缘有锯齿，两面无毛，光滑；花朵常簇生，稀单生，花色甚多，色泽各异，径 4 ~ 5cm，多为重瓣也有单瓣者；果卵球形或梨形，长 1 ~ 2cm，萼片脱落。花期 4—10 月。

生态习性：适应性强，耐寒耐旱，对土壤要求不严格，但以富含有机质、排水良好的微带酸性沙壤土最好。喜日照充足、空气流通、排水良好而避风的环境，盛夏需适当遮阴。

### 🌼 养护要点

水：水分对其生长影响较大，可 2 天浇 1 次，炎夏或春旱时 1 天浇 1 次。

肥：对水肥要求不严，注意在开花前期和后期分别施予一定量的稀薄肥水即可。

土：土壤要求不严格，但以富含有机质、排水良好的微带酸性沙壤土最好。

光：阳光充足可促使生长良好，每天要接受 4 小时以上的直射阳光。不能在室内光线不足的地方长期摆放。冬季入室，放向阳处。

温度：一般气温在 22 ~ 25℃是最适宜生长的温度，夏季高温对开花不利。多数品种最适温度为白昼 15 ~ 26℃，夜间 10 ~ 15℃。

繁殖：大多采用扦插繁殖法，亦可分株、压条繁殖。

病虫害防治：黑斑病可喷施多菌灵、甲基托布津、达可宁等药物。白粉病发病期喷施多菌灵、三唑酮即可，但以国光英纳效果最佳。叶枯病发病时应采取综合防治，并喷洒多菌灵、甲基托布津等杀菌药剂。虫害主要为刺蛾，一旦发现，应立即用 90% 的敌百虫晶体 800 倍液喷杀。介壳虫用 25%的扑虱灵可湿性粉剂 2000 倍液喷杀。

肥：对肥水要求较多，但最怕乱施肥、施浓肥和偏施氮、磷、钾肥，要求遵循"淡肥勤施、量少次多、营养齐全"和"间干间湿、干要干透、不干不浇、浇就浇透"的两个施肥原则，并且在施肥过后，晚上要保持叶片和花朵干燥。

土：栽培土质以微碱性的石灰质壤土为佳，排水、日照需良好。

光：在晚秋、冬、早春三季，由于温度不是很高，就要给予它直射阳光的照射，以利于它进行光合作用和形成花芽、开花、结实。夏季若遇到高温天气，需要给它遮掉大约50%的阳光。

温度：喜欢冷凉气候，忌酷热，耐霜寒。对冬季温度要求不是很严，只要不受到霜冻就能安全越冬；在春末夏初温度高达30℃以上时死亡，最适宜的生长温度为15～25℃。尽量选在秋冬季播种，以避免夏季高温。

繁殖：以扦插繁殖为主。

病虫害防治：主要有叶斑病危害，可用65%代森锌可湿性粉剂600倍液喷洒。虫害有蚜虫和红蜘蛛危害，可用40%氧化乐果乳油1000倍液防治。

# 满天星

别名：丝石竹、霞草、破铜钱、星子草
原产地：欧亚大陆
类别：石竹科丝石竹属
形态特征：常绿矮生小灌木，其株高为65～70cm，茎细皮滑，分枝甚多，叶片窄长，无柄，对生，叶色粉绿。

生态习性：喜温暖湿润和阳光充足环境，较耐阴，耐寒，在排水良好、肥沃和疏松的壤土中生长最好。性喜温暖，忌高温多湿，生育适温10～25℃。

## 养护要点

水：喜欢较干燥的空气环境，阴雨天过长，易受病菌侵染。怕雨淋，晚上须保持叶片干燥。最适空气相对湿度为40%～60%。

## 养护要点

水：适宜水分充足、空气湿润环境，忌干燥。高温干旱的夏秋季，应及时浇水或喷水，空气相对湿度以70%～80%为好。梅雨季注意排水，以免引起根部受涝腐烂。

肥：2—3月间施追肥，以促进春梢和花蕾的生长；6月间施追肥，以促使二次枝生长，提高抗旱力；10—11月施基肥，提高植株抗寒力，为翌春新梢生长打下良好的基础。

土：用肥沃疏松、微酸性的壤土或腐叶土。

光：属半阴性植物，宜于散射光下生长，怕直射光暴晒，幼苗需遮阴。成年植株需较多光照，才能利于花芽的形成和开花。

温度：生长适温为18～25℃，当温度在12℃以上开始萌芽，30℃以上则停止生长，始花温度为2℃，适宜花朵开放的温度在10～20℃。耐寒品种能短时间耐-10℃，一般品种-3～4℃。夏季温度超过35℃，就会出现叶片灼伤现象。

繁殖：有扦插、嫁接、播种繁殖。

病虫害防治：主要病害有茶轮斑病、山茶藻斑病及山茶炭疽病等。需及时清除枯枝落叶，消灭侵染源，并加强栽培管理，以增强植株抗病力，药物防治。主要虫害有茶毛虫、茶细蛾、茶二叉蚜等。

# 山茶花

别名：曼陀罗树、薮春、山椿、耐冬
原产地：中国、日本、朝鲜半岛
类别：山茶科山茶属
形态特征：常绿灌木或小乔木，高可达3～4m。树干平滑无毛。叶卵形或椭圆形，边缘有细锯齿，革质，表面亮绿色。花单生，成对生于叶腋或枝顶，花瓣近于圆形，变种重瓣花瓣可达50～60片，花的颜色有红色、白色、黄色、紫色。蒴果圆形，秋末成熟，但大多数重瓣花不能结果。

生态习性：喜半阴，忌烈日。喜温暖气候，生长适温为18～25℃，略耐寒，喜空气湿度大，忌干燥，喜肥沃、疏松的微酸性土壤，pH值以5.5～6.5为佳。

肥或浓肥会烧伤根系。开始不能浇施浓肥，要做到淡肥勤施，半月1次，促使其根壮叶茂，快速生长。

土：盆栽宜选择质地疏松、肥沃、排水畅通、微酸性的培养土。

光：性喜阴湿，半阴环境最适宜。夏季烈日强光会灼伤叶和芽，造成叶面卷曲、枯焦而脱落。即使是秋冬季节，光照过强对其生长发育也不利。

温度：在寒冷的冬季和早春处于半休眠状态，适宜温度为 2 ~ 10℃。当平均温度超过10℃时，就会促进它的营养生长，从而争夺了正在发育中的花蕾所需的养分，导致其逐渐枯落。

繁殖：可用扦插、嫁接、压条和播种等方法繁殖，一般多用扦插繁殖。

病虫害防治：病虫害较少，主要病害有灰斑病、煤烟病、炭疽病等，要早防早治，一旦发病，可用等量式波尔多液300倍液喷杀。如有介壳虫、红蜘蛛等为害，可人工刷除。用泡烟叶水掺辣椒水喷杀红蜘蛛效果也很显著。一般不要用农药，以防污染环境。

# 茶梅

别名：茶梅花
原产地：中国
类别：山茶科山茶属

形态特征：常绿灌木或小乔木，高可达12m，树冠球形或扁圆形。叶互生，椭圆形至长圆卵形，先端短尖，边缘有细锯齿，革质，叶面具光泽，中脉上略有毛，侧脉不明显。白色或红色，略芳香。蒴果球形，稍被毛。

生态习性：性强健，喜光，也稍耐阴，喜温暖、湿润气候，宜生长在排水良好、富含腐殖质、湿润的微酸性土壤，pH值以 5.5 ~ 6 为宜。较耐寒，抗性较强，病虫害少。

## 养护要点

水：浇水宜保持盆土湿润而又不使之过湿。浇水要见干见湿，浇则浇透，切忌浇拦腰水。

肥：施肥要力求清淡，且充分腐熟。若施生

# 桂花

别名：月桂、木犀
原产地：中国西南喜马拉雅山东段，印度
类别：木犀科木犀属
形态特征：叶对生，多呈椭圆或长椭圆形，树叶叶面光滑，革质，叶边缘有锯齿。花簇生，花冠分裂至基部，有乳白、黄、橙红等。
生态习性：喜温暖湿润的气候，耐高温而不甚耐寒，为亚热带树种。

## 养护要点

水：忌过湿和积水，湿涝会引起烂根而导致生长不良和不开花，严重时还会造成盆株的死

亡。浇水要遵循"不干不浇，浇则浇透"的原则，大雨和暴雨后要及时倒除盆中积水，特别要注意雨后天晴的天气，更应避免损伤根系。

肥：生长旺季可浇适量的淡肥水，花开季节肥水可略浓些。春季施1次氮肥，夏季施1次磷、钾肥，使花繁叶茂，入冬前施1次越冬有机肥，以腐熟的饼肥、厩肥为主。忌浓肥。

土：喜微酸性土壤，pH值以5.5 ~ 6.5为宜。盆土的配比是腐叶土2份、园土3份、沙土3份、腐熟的饼肥2份，将其混合均匀，然后上盆或换盆，可于春季萌芽前进行。

光：喜光，光照不足易引起花朵的香味变淡。冬季搬入室内，置于阳光充足处，使其充分接受直射阳光。

温度：对温度适应能力很强，环境温度保持5℃以上即可，越冬温度不可低于0℃。

繁殖：播种、压条、嫁接和扦插法繁殖。

病虫害防治：病虫害有枯斑病、枯枝病、桂花叶蜂、柑橘粉虱、蚱蝉等。主要虫害是螨。一旦发现发病，应立即处置，可用螨虫清、蚜螨杀、三唑锡进行叶面喷雾。要将叶片的正反面都均匀地喷到。每周1次，连续2 ~ 3次即可治愈。

常见的观花植物

干旱时及时浇水，阴雨天及时排水。切忌盆土积水，以免引起烂根或影响植株生长。

　　肥：需肥量不是很大，在花蕾形成后每隔10天施1次稀薄的复合液肥即可。

　　土：选用肥沃、排水良好的沙壤土或用腐叶土、园土、沙土以1：4：2的比例配制的混合介质。

　　光：性喜阳光，在高温干燥的气候条件下生长良好。生长期要有充足的光照，每天至少要保证有4小时光照。对光线适应能力较强，适于室内较明亮处栽培观赏。

　　温度：适宜生长温度18～28℃。夏季通过放风和使用50%遮阴来降低温度，冬季出现极端低温时，可以适当加温。越冬温度要在10℃以上。

　　繁殖：常用种子繁殖，繁殖能力强。

　　病虫害防治：病害较少，生长期易发生小造桥虫，用稀释的洗涤剂、乐果或菊脂类农药叶面喷洒，可起防治作用。另外还易受蚜虫、红蜘蛛为害，可用氧化乐果防治。

# 鸡冠花

别名：鸡髻花、老来红、芦花鸡冠
原产地：非洲、美洲热带和印度
类别：苋科青葙属
形态特征：一年生草本，株高40～100cm，茎直立粗壮，叶互生，长卵形或卵状披针形，肉穗状花序顶生，呈扇形、肾形、扁球形等。花有白色、淡黄色、金黄色、淡红色、火红色、紫红色、棕红色、橙红色等。胞果卵形，种子黑色有光泽。

　　生态习性：喜阳光充足、湿热，不耐霜冻。不耐瘠薄，喜疏松肥沃和排水良好的土壤。

## 🌻 养护要点

　　水：种植后浇透水，之后视情况适当浇水，尤其生长期浇水不能过多，开花后应控制浇水，天气

# 五色梅

别名：山大丹、大红绣球等

原产地：北美南部

类别：马鞭草科马缨丹属

形态特征：常绿灌木。单叶对生，卵形或卵状长圆形，先端渐尖，基部圆形，两面粗糙有毛，揉烂有强烈的气味，头状花序腋生于枝梢上部，每个花序20多朵花，花冠筒细长，顶端多5裂，状似梅花。花期较长。果为圆球形浆果，熟时紫黑色。

生态习性：喜光，喜温暖湿润气候。适应性强，耐干旱瘠薄，但不耐寒，在疏松、肥沃、排水良好的沙壤土中生长较好。

## 养护要点

水：生长期保持盆土湿润，避免过分干燥，并注意向叶面喷水，以增加空气湿度。浇水时要掌握间干间湿原则，忌积水。

肥：每15天左右施1次以磷、钾为主的薄肥，以提供充足的养分，使植株多开花。

土：对土壤条件要求不严，可用园土和腐叶土等量混合作为基质。

光：生长季节可放在室外向阳处养护，即使盛夏也不必遮光，但要求通风良好。若光照不足会造成植株徒长，茎枝又细又长，且开花稀少，严重影响观赏。

温度：冬季移置室内向阳处，若能维持15℃以上的室温，植株可正常生长、开花，应适当浇水、施肥和修剪。若不能保持较高的温度，需节制浇水，停止施肥，使植株休眠，8℃以上即可安全越冬。

繁殖：采用播种、扦插、压条等方法繁殖。

病虫害防治：常见病害有灰霉病、叶枯线虫病。灰霉病在发病初期可喷施50%速克灵1000倍液，可有效地控制其发生。平常注意加强管理，密切关注环境的情况，提高病虫害的预见性。线虫病的防治在于改善盆土状况，可对盆土进行消毒。

常见的 观花植物

和培养土、粗沙的混合土壤。

光：喜光，开花前阳光越充足，花越鲜艳夺目，经久不谢，若光照不足，则花色暗淡，长期置阴处，则不开花。故应摆放于室内接受阳光照射较多的地方，定期搬出室外。

温度：白昼 22℃左右，夜间 15℃左右生长最好，温室保持 15 ~ 20℃可终年开花不绝，如下降至 10℃则落叶转入半休眠状态，至次春吐露新叶，继续开花。

繁殖：主要用扦插繁殖。

病虫害防治：经常发生茎枯病和腐烂病危害，用 50% 菌丹 800 倍液，每半月喷洒 1 次。虫害有粉虱和介壳虫危害，用 50% 杀螟松乳油 1500 倍液喷杀。

# 虎刺梅

别名：铁海棠、麒麟刺、麒麟花
原产地：非洲马达加斯加岛
类别：大戟科大戟属
形态特征：为多刺直立或稍攀援性小灌木。株高 1 ~ 2m，多分枝，体内有白色浆汁。茎和小枝有棱，棱沟浅，密被锥形尖刺。叶片密集在生新枝顶端、倒卵形，叶面光滑、鲜绿色。花有长柄，有2 枚红色苞片，花期冬春季。南方可四季开花。

生态习性：喜温暖湿润和阳光充足环境。耐高温、不耐寒。以疏松、排水良好的腐叶土为最好。冬季温度不低于 12℃。

## 养护要点

水：耐旱，春秋两季浇水要见干见湿。夏季可每天浇水 1 次，冬季不干不浇水，盆内不宜长期湿润，花期也要控制水分，浇水过多易引起落花烂根。

肥：可用培养土垫蹄角片作底肥，生长期每隔半月施肥 1 次，立秋后停止施肥，忌用带油脂的肥料，防根腐烂。

土：土壤以肥沃、疏松和排水良好的沙壤土为宜，不耐盐碱和酸性土。盆栽常用腐叶土或泥炭土

# 六、组合观花盆栽欣赏

**组合盆栽作用**：本节中选用组合盆栽的艺术插花造型，可以丰富人们对盆栽花艺艺术的追求，帮助人们学习组合盆栽的造型技能，具有美化生活空间，提高美感的作用。

常见的观花植物

## 前程万里

名称：前程万里

主要植物：金边吊兰、蝴蝶兰

容器：小型圆瓷盆

配饰：装饰土

适宜摆放位置：客厅、阳台

色彩搭配指数：★★★

盆栽寓意：淡紫色寄托了主人美好的希望与祝愿。

## 八仙过海

名称：八仙过海

主要植物：仙客来、常春藤、凤尾蕨

容器：小型圆瓷盆

配饰：装饰土

适宜摆放位置：案几、书桌

色彩搭配指数：★★★★

盆栽寓意：仙客来浓郁的香气混合着凤尾蕨清新的露水香味沁香扑鼻，有"仙客翩翩而至"的寓意。

## 冰壶玉尺

名称：冰壶玉尺
主要植物：金边吊兰、兰花
容器：小型圆瓷盆
配饰：装饰土

适宜摆放位置：案几、书桌
色彩搭配指数：★★★
盆栽寓意：玉白色的兰花如一颗颗明亮的珍珠在天空闪耀，摆在房间里做装饰，象征主人高雅的品质。

一帆风顺

名称：一帆风顺

主要植物：兰花、鸟巢蕨、吊兰、常春藤

容器：镂空瓷盆

配饰：可不用配饰

适宜摆放位置：客厅

色彩搭配指数：★★★★

盆栽寓意：紫色的兰花像在大海上扬起的风帆，仿佛让人看到了"直挂云帆济沧海"的豪壮。

# 欣欣向荣

名称：欣欣向荣

主要植物：金边吊兰、长寿花

容器：小型圆瓷盆

配饰：装饰土

适宜摆放位置：案几、书桌

色彩搭配指数：★★★★

盆栽寓意：金边吊兰和长寿花的组合，象征着生命的勃勃生机，给人以美的享受。

## 生龙活虎

名称：生龙活虎

主要植物：卡特兰、袖珍椰子、常春藤

容器：瓷盆

配饰：装饰土

适宜摆放位置：案头、茶几。

色彩搭配指数：★★★

盆栽寓意：笔挺的卡特兰有着活泼与娇健的形象。袖珍椰子和常春藤叶的组合，刚柔并济，使整个作品富有生气。

## 满园春色

名称：满园春色

主要植物：蝴蝶兰、常春藤

容器：小型瓷盆

配饰：红丝带

适宜摆放位置：客厅、阳台

色彩搭配指数：★ ★ ★ ★

盆栽寓意：蝴蝶兰是一种很能抓住人们目光的花朵，向来是花群中的主角。底下衬上常春藤，将春色与健康都留在家中。

### 秋意浓浓

名称：秋意浓浓

主要植物：卡特兰、文竹

容器：艺术瓷盆

配饰：装饰土

适宜摆放位置：茶几、餐桌

色彩搭配指数：★★★

盆栽寓意：金黄色的花朵代表秋天的到来，文竹的搭配更添高雅，那一抹黄正如秋日的阳光暖暖地洒在大地上，看，夕阳快下山了。

## 绿影婆娑

名称：绿影婆娑

主要植物：文竹、金枝玉叶、小芋叶

容器：艺术石盆

配饰：装饰土

适宜摆放位置：书桌

色彩搭配指数：★★★

盆栽寓意：以绿色为主调，加上金枝玉叶若隐若现的粉红色花瓣，好像一幅倒映在池中翠绿的春景，摆在书桌上会给整个房间增添一份活力。

# 双凤呈祥

名称：双凤呈祥

主要植物：**蝴蝶兰、金边吊兰**

容器：**木盆**

配饰：**绒球**

适宜摆放位置：**客厅隔断、柜子上**

色彩搭配指数：★★★★

盆栽寓意：**左右两枝花如两只美丽的凤凰温柔娴静，色彩的多样象征凤凰羽毛的层次性，下面用绒球装饰，在肃穆中更添一份情趣。**

## 其乐融融

名称: 其乐融融

主要植物: 卡特兰、金边吊兰、常春藤

容器: 艺术木盆

配饰: 可不用配饰

适宜摆放位置: 茶几、餐桌

色彩搭配指数: ★ ★ ★ ★

盆栽寓意: 两种颜色花朵的搭配, 让左右的空间有张有弛, 不再单调。常春藤与吊兰的填充又让整个作品更加饱满, 呈现出一派欢乐的景象。

## 冰清玉洁

名称：冰清玉洁

主要植物：白掌、文竹、常春藤

容器：石盆

配饰：较少用配饰

适宜摆放位置：书桌、窗台

色彩搭配指数：★ ★ ★

盆栽寓意：整个盆栽色彩不多，以绿色、白色为主，象征主人纯洁无瑕的秉性，白掌的花瓣正如万绿丛中的一点装饰，使整体效果不单调。文竹、石盆的使用使作品更添高雅。

## 心心相印

名称：心心相印

主要植物：蝴蝶兰、金边吊兰

容器：小型瓷盆

配饰：金串珠、红丝带

适宜摆放位置：书桌、茶几

色彩搭配指数：★★★★

盆栽寓意：用两株兰花组合成两颗心的形状，象征恋人之间的感情炙热、纯真，再加上一些配饰、吊兰，不仅丰富了色彩，而且使整个造型更加多样、完美。

## 一见倾心

名称：一见倾心

主要植物：**蝴蝶兰、袖珍椰子**

容器：**小型瓷盆**

配饰：**装饰土**

适宜摆放位置：**茶几、案头**

色彩搭配指数：★ ★ ★

盆栽寓意：把兰花做成心形，让人想起了关于爱情的一些往事，好似回到了初恋的那个美好时光，在黄昏的午后，我们手拉手，时间就此停住。